湖南科技大学学术著作出版基金资助

深海探采装备健康监测 与故障诊断系统

侯井宝　万步炎　金永平　著

U0385740

中山大学出版社
SUN YAT-SEN UNIVERSITY PRESS

图书在版编目（CIP）数据

深海探采装备健康监测与故障诊断系统/侯井宝，万步炎，金永平
著 . -- 广州：中山大学出版社，2024.8. -- ISBN 978 - 7 - 306 - 08123 - 0

Ⅰ. P751

中国国家版本馆 CIP 数据核字第 2024RR5395 号

出 版 人：王天琪
策划编辑：曾育林
责任编辑：曾育林
封面设计：曾　斌
责任校对：梁嘉璐
责任技编：靳晓虹
出版发行：中山大学出版社
电　　话：编辑部 020 - 84113349，84110776，84111997，84110779，84110283
　　　　　发行部 020 - 84111998，84111981，84111160
地　　址：广州市新港西路 135 号
邮　　编：510275　　　　　传　真：020 - 84036565
网　　址：http://www.zsup.com.cn　　E-mail:zdcbs@ mail.sysu.edu.cn
印 刷 者：广州市友盛彩印有限公司
规　　格：787mm×1092mm　　1/16　　10.375 印张　　230 千字
版次印次：2024 年 8 月第 1 版　　2024 年 8 月第 1 次印刷
定　　价：58.00 元

目　　录

第1章　绪　　论

1.1　深海固体矿物探采装备概述

由于陆地上铜、镍、铝、锰、锌、锂和钴等金属的储量不断减少，再加上对用于生产智能手机等高科技产品和风力涡轮机、太阳能电池板和电储能电池等金属的需求不断增加，人们对深海的矿产越来越感兴趣。海底拥有许多地质特征，其中包括海平面以下3500～6500 m的深海平原、被称为海山的火山水下山脉、活动火山的热水喷口，以及马里亚纳海沟等深海沟，在近11000 m处是最深的海沟。生活在这些偏僻地区的物种非常独特，因为它们能适应恶劣条件，如缺乏阳光和高压。这些物种中有许多是科学所未知的。

为了更好地开发和利用海洋矿产资源，要对海洋资源进行勘探后再进行合理的海洋资源开采工作。勘探深海资源的主要目的是收集和分析有关矿物、沉积物、基岩或海底生长环境的信息。其中，矿物的范围和丰度以及海底的宏观和微观地形是主要要素。用于勘探的装备多种多样，有拖网、沉积物取样器、电视抓斗、海底钻机、声学和光学系统、水下机器人等。主要的采矿装备是适应相应矿产资源的取样器或采矿车。现在探明的三大海底矿产资源是多金属硫化物、多金属结核和富钴结壳。本书提出的故障诊断系统主要用于深海固体矿物探采装备（以下简称"深海探采装备"），主要包含海底钻机和海底采矿车。下面对这两种设备作简要介绍。

1.1.1　海底钻机

最早的海底钻机机构功能单一，并以浅海、浅钻为主。到20世纪50年代以后，为了更好地实现海底钻探的目的，各国开始研发各自的海底钻机，其供能方式也有多种。这个时期的海底钻机工作水深一般在500 m以内，钻进深度在10 m以内。到20世纪90年代末至21世纪初，随着机电液技术与人工智能技术的发展，海底钻机的工作水深可以达到6000 m，钻进深度也扩展至50 m。供能有电池型的，但更为主要的是甲板直接供电。供电与通信也多采用光电复合缆来完成。这个时候的钻机在保持原有钻机基本钻进功能的情况下增加了视频可视化系统、钻机姿态调整系统。视频可视化为远程操控钻机提供了可能。姿态调整主要依靠姿态仪和可控的调平支腿完成。这类钻机主要有英国地质调查局（British Geological Survey，BGS）研制两款的RockDrill 钻机（图1-1），BGS 推出了两款此类钻机——RD1 与 RD2，以及美国研制的 BMS 钻机（图1-2）。

图 1-1　英国研制的 RockDrill 钻机

图 1-2　美国研制的 BMS 钻机

21 世纪以来，世界各国研发的海底钻机在钻探取芯的深度和钻进效率上有了明显的发展。为了获得更大的钻取深度，各个国家纷纷采用了绳索取芯的钻进技术。这大大提高了钻取效率和质量。此种钻进方式在钻进过程中无须反复提取钻具，只须不断地加接钻杆即可。取芯仅须用绳索打捞器往复地打捞钻具中的岩芯样品即可。同时，钻探方法的改变使在钻进过程中进行一些现场测试成为可能，钻取方式的改变使井下的有缆式原位测试成为可能，可以利用绳索打捞器下放和回收原位测试仪。原位测试仪测得的数据可以存储在测试仪中，也可以选择实时的显示和记录。除此之外，此类型的钻机还可以搭载其他类似于测试仪器上的设备，如测井仪和井口分析仪等，以方便获取更多的有关各个底层的信息。这一时期的钻机钻取深度最大可达 200 m，主要代表有澳大利亚研制的 PROD 钻机和德国研制的 MeBo 钻机，如图 1-3、图 1-4 所示。

图 1-3　澳大利亚研制的 PROD 钻机　　　图 1-4　德国研制的 MeBo 钻机

就全球来看，现在的海底钻机的研发是以大深度、大口径、多功能模块化、智能化为发展方向的。我国的海底钻机研发也从"跟跑"慢慢地实现了"领跑"。我国 21 世纪初才开始研究海底钻机，我国的第一台深海浅层钻机于 2004 年正式投入使用，主要用于我国合同区内的富钴结壳资源勘探，为获得富钴结壳矿区的结壳厚度分布情况和地质底层特点，在富钴结壳合同区使用最为广泛的是 1.5 m 浅层钻机。该系列钻机已在太平洋和印度洋3000 m 以内的深海底钻取岩芯数千个，成为目前世界上实际钻取深海底芯次数最多的钻机，为我国科考事业的发展作出了较大贡献。此后，通过国家"十一五"和"十二五"重点项目的支持，我国相继研发出了 20 m 和 60 m海底钻机，使我国海底钻机处于世界领先水平。依托"十三五"国家重点研发计划"深海关键技术与装备专项"课题研制的"'海牛Ⅱ号'海底大深孔保压取芯钻机系统"于 2021 年 4 月成功完成南海海试，最大实际钻取深度达到 231 m，刷新了世界深海底钻机钻探深度记录。这标志着我国海底钻机技术已经达到了国际领先水平。我国研制的海底钻机如图 1－5 所示。

（a）20 m 中深孔钻机　　　　　　　（b）"海牛Ⅱ号"钻机

图 1－5　我国研制的海底钻机

1.1.2　海底采矿车

20 世纪 70 年代，海洋采矿蓬勃发展，多个国家的财团或者公司争相竞争起来，进行海洋采矿试验。大量的人力、物力被投入此项事业当中，加快了深海采矿的发展进程。表现最为突出的是海洋管理公司（Wcean Mangement Incorporated，OMI）、海洋矿业协会（Ocean Mining Association，OMA）、海洋矿物公司（Ocean Minerals Corporation，OMCO）这三家公司。1970 年，海洋管理公司（OMI）利用钻探船"SEDCO 445"，采用动力定位的方式进行作业，在夏威夷以南 1250 km 的地方采集到了 600 多吨金属结核。1977 年，海洋矿物公司（OMCO）利用运矿船"深海采矿者Ⅱ号"在加利福尼亚州西南 1900 km 左右的海域进行了第一次试验，但以失败而告终。之后又进行了几次试验，终于在 1978 年经过 18 个小时的采集，采集到了 550 多吨金属结核。1978 年，海洋矿物公司（OMCO）租借海军 Hughes Glomar Exeplorer 号进行了多次试验，验证了挖采和提升方案的可行性。随后，印度、日本、德国、韩国和俄罗斯等都相继进行了海试试验，验证其技术装备的可行性。2017 年，日本完成了对多金属硫化物的采集和提升海试。2018 年，由我国自主研发的海底自行式富钴结壳取样器成功完成了海试，这标志着对多金属硫化物和富钴结壳的开发技术又往前迈进一步。

世界范围内针对深海矿产资源开发方案，目前主要提出了连续斗法（拖斗式、连续斗绳式）、自动穿梭艇式、水力管道提升式这 3 种常用的深海采矿方法。经过长期的试验和测试，不管是从采矿效率还是从对环境的影响方面考虑，水力管道提升式采矿方式都最为合理。此采矿系统主要包含三部分，如图 1-6 所示，从上至下主要包含水面支持子系统（采矿船）、管道输送子系统和集采子系统（采矿车）。

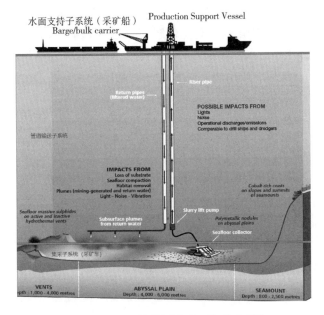

图 1-6　水力管道提升式深海采矿系统

海底采矿车从海底表面采集海底矿物，经过管道输送系统将采集到的矿物提升至水面支持系统的采矿船上，完成对矿物的成功开采。海底采矿车作为海洋采矿系统的一部分，是成功完成深海采矿最为关键的装备。其主要功能是将海底的结核采集起来，并经过破碎后，将矿物运送至输料管道中。现有主要的海底采矿车属于海底自行式装备，行走方式主要有拖曳式、螺旋桨推进式、履带自行式和螺旋滚筒式。图 1-7 是国外两款具有代表性的自行式采矿车。

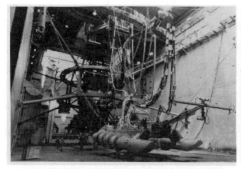 

（a）OMCO 研发的螺旋滚筒式采矿车　　（b）德国研发的履带自行式采矿车

图 1-7　国外研发的自行式采矿车

我国从 20 世纪 80 年代开始进行深海采矿探矿的研究。"八五"期间，在国家的支持下，研制出了我国首台履带自行式采矿车，其长×宽×高为 4.6 m×3 m×2.1 m，水下质量为 8 t。随后，在"九五"期间，在中国大洋协会的支持下，由长沙矿山研究院牵头，研制出了我国第二台采矿车，该采矿车长×宽×高为 9.2 m×5.2 m×3 m，水下质量为 11.7 t。该采矿车的履带采用尖三角形履带齿，材料采用抗腐蚀高强度铝合金。集矿方式采用全水力集矿，集矿效率较第一台有了明显提高，并成功在云南抚仙湖完成了湖试，采集到了 900 kg 的模拟多金属结核。在"十一五"和"十二五"期间，我国相继研发出了"鲲龙 500"多金属结核采矿车和"鲲龙 2000"富钴结壳采矿车，并成功完成了海试。"十三五"期间，"深海采矿及试验工程"成功立项，并于 2021 年 7 月成功完成海试。此次试验系统性地验证了在海洋环境下对多金属结核进行采集与输送全过程的可行性，为我国今后进入大规模的商业开采奠定了坚实的基础。图 1-8 为我国研制的自行式采矿车。

（a）"鲲龙2000"富钴结壳采矿车　　（b）"十三五"期间研发的多金属结核采矿车

图 1-8　我国研制的自行式采矿车

在信息技术、大数据、人工智能等现代技术高速发展的当下，深海探采装备将会向高精准作业、智能协同作业、长期运维下装备健康监测、实时调控等方向发展。为顺应这一深海探采装备发展方向，亟须研制出一套实用的深海探采装备故障诊断系统。

1.2 故障诊断技术与设备健康管理

故障检测包括状态估计（状态监测、退化或健康评估）和用于确定是否发生了故障的逻辑决策。故障可以描述为偏离观察变量或计算参数的可接受范围而导致无法实现预期目标的过程。

在通常的预测与健康管理（prognostics and health mangement，PHM）中，故障检测被看作故障诊断任务的触发器。故障检测和隔离（fault detection and isolation，FDI）这样一种组合更为人们所知，即当检测到故障时，故障将被隔离处理，需要查询什么组件或者系统出故障了，并确定出现了什么类型的故障。然而，在很多情况下，对于某个被监控的设备的故障，由于缺乏足够的数据信息，不能作出准确的诊断。在这种情况下，故障检测能够提供有价值的预警，以指导维修人员做更近一步的调查。另外，故障检测也被用于为故障预测提供依据。为了推断受监控设备的性能，对于进展性故障设备，可以通过计算其剩余寿命对其故障进行预算。剩余寿命的预测是目前预测与健康管理（PHM）中最有价值的研究，因为它给用户在紧张的生产计划中提供了一个合适的维护操作的时间范围。当然，在某些情况下，也无法计算出剩余寿命模型。这是由多方面原因引起的，可能是监视的时间过短而无法预测，从而导致了故障的发生。

设备健康管理可以描述为诊断和预防系统故障的过程，同时预测其组件的可靠性和剩余使用寿命。过去几十年来，关于设备系统健康管理的研究激增，以帮助解决组件层面和系统层面发生的各种故障。然而，尽管这些已经被广泛研究，但大多数方法通常需要收集关于故障组件、故障性质及其对整个系统性能影响程度的足够数据。虽然这些技术通常集中在单个子系统内的故障检测和隔离，但较高的维护成本促使了对新体系结构的进一步研究，以减少对复杂高价值装备的维护、维修和检修。因此，当今研究的主要工作正集中在跨系统和相关平台集成异常、诊断和预后技术上。这种预测和隔离即将发生的故障的能力，有助于保持具有成本效益的系统性能，同时识别持续的问题，以减轻潜在风险。

因此，机械故障诊断是一种故障检测、隔离和识别技术，可以应用于设备运行状态的信息处理。故障诊断有 3 个基本任务：确定设备是否正常，发现初期故障及其原因，预测故障发展趋势。因此，在本质上，故障诊断可以看作一个关于机械状态的模式识别问题。

在过去的几十年里，有许多关于故障检测的方法和技术。早期的故障检测方法主要采用限值法或阈值法。对系统中一些重要的可测参数设定可以接受的范围，如果超出该范围，就会发出警报。这种原始的故障检测方法不能深入故障诊断的本质内容，无法进行模拟人类的推理活动来进行故障诊断，所以无法应用到复杂的系统中。此外，一种故障诊断方法不可能应用于所有工况下的装备或者系统中，这就需要许多用于故障诊断的方法及改进现有的方法。目前，已经在各个行业领域进行了大量相关研究，包括风力涡轮机故障检测方法的具体应用和研究，建筑系统领域、电机故障检测、电子电路故障检测等。

现有工程装备的复杂程度越来越高，这给对其进行准确的故障诊断带来了巨大的挑战，因此涌现出了各种各样的故障诊断方法。广义上，可以将不同的故障技术分为专家系统（expert system，ES）的故障诊断方法、基于模型的故障诊断方法、基于数据驱动的故障诊断方法和混合模型的故障诊断方法，如图 1-9 所示。

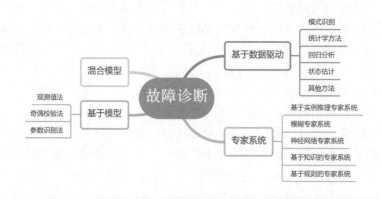

图 1-9　故障检测方法的一种分类方式

1.2.1　基于模型的故障诊断方法

一个模型往往是在对某个设备或过程的底层物理模型有深刻认识的基础上建立起来的。基于模型的故障检测有关装备的结构、功能和行为的相关数据，并提供独立于设备之外的相关数据，对设备进行故障诊断。因为基于模型的故障诊断方法可以处理某些类型的专家系统中的一些没有被启发式规则所涵盖的意外情况，所以这种类型的故障检测拥有更好的鲁棒性。同时，它们的开发不需要现场经验，因此成本较低。基于模型的故障检测在性能上比较灵活，准确性也较高，但有应用范围的限制。

基于模型的通用故障诊断方法在工程实际中被广泛应用。该方法利用从系统测量中得到的不同参数之间的依赖关系来检测过程、执行器和传感器的故障。这些依赖关系通常被表示为确定性模型方程或一些类似的形式。

基于模型的通用故障检测方案如图 1 – 10 所示。假设某一过程系统，存在关联输入信号 U 和测量输出信号 Y 的数学过程方程，基于模型的故障检测需要提取参数 θ、状态变量 x 或残差 r 等特征。首先将观察特征与期望（标称）值进行比较，然后检测特征的变化情况，最后得出故障检测结果 s。

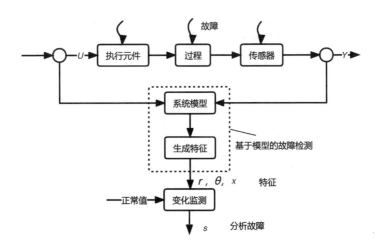

图 1 – 10　基于模型的通用故障检测方案

基于模型的故障检测技术类别组成如图 1 – 11 所示，包括基于观测值的（状态和输出）方法、奇偶校验法、参数识别方法。这些基于模型的方法都是通过对状态变量或输出变量生成残差 r 进行分析，第一种方法为固定参数模型，第二种方法为固定参数或非参数模型，第三种方法为适应性非参数或参数模型。

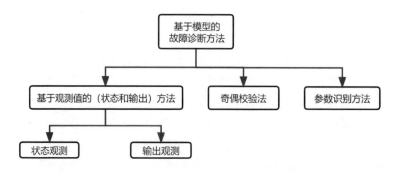

图 1 – 11　基于模型的故障检测技术类别组成

1.2.2　专家系统及其在故障诊断中的应用

专家系统（ES）可以大致定义为一个智能计算机程序，它使用存储的知识库和推理机来找到一种解决问题的方案。这种解决方案基于人类先验的专业知识。专家系统背后的基本原理是，首先，专业知识可以是一个广泛的有特定任务的知识库，从人类转移到数字设备。其次，将这些知识存储在计算机中，用户可以根据需要向计算机寻求具体建议，计算机利用它的推理引擎来得出一个具体的结论。最后，就像一个人类顾问一样，计算机能提供一些合理的建议，甚至在需要时对其内部的推理逻辑进行解释。专家系统使用启发式知识来提供问题的解决方案，而不是利用在遇到符号值和过程时都能准确描述人类知识的准确逻辑关系。

专家系统包括基于规则的专家系统、基于知识的专家系统、神经网络专家系统、模糊专家系统和基于案例推理的专家系统。

1.2.2.1　基于规则的专家系统

早期的专家系统是基于使用经验推理制定的规则。这种类型的专家系统利用从人类专家那里获得的信息，并以规则结构（如 IF – THEN 的形式）表示这些信息。使用基于规则的专家系统进行故障检测需要大量的规则库，诊断的准确性往往取决于规则。当应用场景需要特定知识且不需要深度嵌套规则时，可以使用基于规则的专家系统。

虽然基于规则的专家系统具有效率性、有效性和简单性，但它有许多缺点，如缺乏通用性和对新案例的处理能力很差。创建一个丰富且详细的规则数据库通常耗时长，并且需要许多相关专家的知识。此外，在对大型工程装备进行故障诊断时，专业知识和规则的更新是个大问题。

1.2.2.2　基于知识的专家系统

应用于故障检测的知识型专家系统是基于人类专家从经验中学到的一套规则对在线监测数据进行评估。知识主体可以包括输入和输出过程变量的位置、异常过程条件的模式、故障表现、运行条件、约束和性能指标。这种类型的故障检测避免了数值评估的严格性，并自动化了过程监控的人工推理。基于知识的专家系统有 4 个组成部分：专家知识体系、推理引擎、知识工程工具和信息传递的特定用户界面。

1.2.2.3　神经网络专家系统

在进行决策的过程中，有时专家知识和推理机难以通过某种形式的状态传递函数进行抽象化描述，进而无法得到准确而有效的推理，而人工神经网络可以很好地解决这个问题，可以利用神经网络完成专家系统中的推理。神经网络专家系统可以通过神经网络自主存储和知识学习。在故障检测中，神经网络专家系统的输入是被分析系统中的状态数据，神经网络专家系统的输出则是故障诊断结果。目前，神经网络专家系统在过程故障诊断中已被广泛研究与应用。

1.2.2.4　模糊专家系统

模糊专家系统的开发主要是为了处理决策的不确定性。这项技术来自模糊集理论，通过允许计算机的行为精度和逻辑性的降低，更接近地模拟了正常的人类推理过程。这种方法非常直观，因为决策并不总是一个二元问题。模糊专家系统在变压器故障检测和电力系统中得到广泛应用。

1.2.2.5　基于案例推理的专家系统

基于案例推理及其衍生的方法常见的有基于实例的推理，该方法已经被广泛用于获取和组织过去的经验（专家知识），并通过以往的解决方案来学习如何解决新问题。基于案例推理的专家系统通过以往系统中一些相关特征或测量参数导致的故障问题来推测出未来类似情况下可能遇到的故障问题。从某种意义上讲，基于案例推理的专家系统是基于规则的专家系统的一个更有结构化的替代方案。它在故障检测系统中具有许多理想的特性，其中最重要的一点是它与人们在各种情况下解决问题的思维方式相似。它有效地克服了基于规则的专家系统的缺点，不需要明确的相关领域的知识库，避免了知识难以建立的问题。它主要实现在将问题简化为识别事物的重要属性上。通过获取新的案例，可以是学习基于规则的专家系统的静态知识库，这样一种方式更容易进行维护。

1.2.3 基于数据驱动的故障诊断技术

在某些情况下，由于设备或过程的复杂性，难以对其建立准确模型，人们可以首先利用数据驱动的故障诊断技术从设备或某个过程中收集数据，然后从数据中学习与分析，找到相应的行为或者功能模型。数据驱动方法的核心假设是，数据可以指示与故障事件相关的特征和伪影。

随着互联网、物联网、无线通信、移动设备、电子商务和智能制造的发展，收集的数据数量呈指数级增长。这种爆炸式的数据增长使大数据的概念和作用越来越受到人们的重视。大数据不仅能在处理和发现有价值的信息方面给这些领域带来新的视角和挑战，还可能影响其他领域，如装备的状态监测和故障诊断领域。人工智能（artificial intelligence，AI）作为一种强大的模式识别工具，引起了许多研究者的广泛关注，并在机械故障识别应用中显示出了应用前景。

在现代工业中，机器设备变得比以往任何时候都更自动、精确和有效率，这使它们的健康状况监测更加困难。为了全面检查机器的健康状况，需要使用状态监测系统实时采集来自多个传感器的长时间运行数据，长时间运行后由多个传感器采集大数据。由于数据的收集速度一般比诊断家分析的速度快，如何有效地从机械大数据中提取故障特征并准确识别相应的健康状况成为目前紧迫的研究课题。由于智能故障诊断能够快速、有效地处理大量收集到的信号数据，并能提供准确的故障诊断结果，因此基于人工智能的方法将成为处理机械大数据的重要工具。

由于响应信号的变异性和丰富性，几乎不可能直接识别故障模式，因此一个常见的故障诊断系统通常包括 3 个关键步骤：信号采集、数据处理（特征提取）、故障识别。基于数据驱动的故障诊断技术方法过程如图 1 - 12 所示。最常见的智能故障诊断系统是基于特征提取算法的预处理，变换输入模式，用低维特征向量表示，便于匹配和比较。在信号采集步骤中，由于振动信号提供了关于机械故障的内在信息，因此它们已被广泛利用。在第二步中，特征提取旨在基于信号处理技术，如时域统计分析、傅里叶分析和小波变换等技术，从收集的信号中提取代表性特征。虽然这些特征描述了机械健康状况，但它们可能包含无用的或不敏感的信息，并影响诊断结果和计算效率。因此，特征选择通过降维策略，如主成分分析（principal components analysis，PCA）、距离评估技术和特征鉴别分析，来选择敏感特征。在故障分类步骤中，选定的特征用于训练人工智能技术，如 k 最近邻（k-nearest

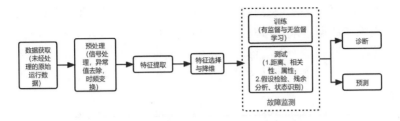

图 1-12 基于数据驱动的故障诊断技术方法过程

neighbor，kNN）等人工智能技术。例如，Lei 等使用了一种改进的距离评估技术，从时域和频域特征中选择 6 个敏感特征，将这些特征引入集成到自适应神经模糊推理系统，对轴承故障进行分类。Yu 提出了一种轴承的故障分类方法，其用 11 个时域特征来表示不同的轴承故障，并根据局部和非局部保持投影所选择的特征，应用 k 最近邻对健康状况进行分类。Amar 等提出了一种特征增强程序来获得振谱的鲁棒图像特征，并使用人工神经网络来诊断故障。Liu 等利用小波谱技术提取特征，采用增强的神经模糊分类器对轴承健康状况进行了分类。

各种不同的数据驱动故障检测方法已经被广泛研究与应用。根据对特征集进行处理然后实现故障诊断的方法途径的不同，基于数据驱动的故障诊断技术分类如图 1-13 所示。

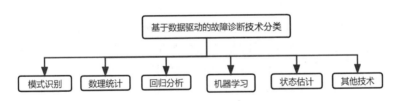

图 1-13 基于数据驱动的故障诊断技术分类

1.2.4 聚类算法及其在故障诊断中的应用

聚类分析是一种将一组数据对象分组的技术，以便使同一聚类中的对象彼此相似，而与其他聚类中的对象则不相似。Han 和 Kamber 讨论了聚类技术，并将其定义为对象根据原则进行聚类或分组，使类间相似度最小化，类内相似度最大化。聚类是探索性数据分析中最广泛使用的技术之一。聚类分析在统计学、机器学习、计算机科学、生物信息学、生物学等领域有广泛的应用。几乎在每一个处理经验数据的科学领域中，科学家们都试图通过识别出相同类别的数据组来获得对某一对象的初步认识。聚类分析本身不是一种具体的算法，但有多种算法可以有效地用于对不同的数据集进行聚类。在聚类中，一些细节（如聚类中对象之间的变化）常常被忽略，以达到数据简化的目的。

基于聚类分析的故障诊断技术和基于数据驱动类型的故障诊断方法，已经被广泛研究与应用。孙才新等将模糊聚类的方法引入电力变压器油中溶解气体分析，对183组电力变压器的绝缘故障样本点进行多层树形聚类，获得了准确程度相对较好的诊断方法。Geng基于灰色聚类和滤波理论，建立了灰色聚类滤波算法，该算法能够有效地识别故障报告中的虚警。Du等针对液压泵多故障同时发生时各种故障特征的强耦合性，提出了一种层次聚类故障诊断策略，对液压泵的5种故障采用三级故障推理机进行诊断。其主要思想是首先用单独的信号处理方法识别出明显的故障，然后用数据融合技术找出模糊的信息。针对活塞、滑靴组件间隙增大及斜盘组件偏心等杂乱特征，采用强化技术对其纵向和横向故障特征进行强化，实现多故障诊断。该方法即使在恶劣条件下也能准确地诊断出液压泵的多种故障。黄亮等基于马氏距离，提出了一种模拟电路故障聚类分析方法，准确清晰地辨别出了模拟电路的多种故障。West等人针对核电站设备采用分层聚类的方法对核电站堆芯状态进行监测，取得了比较好的效果。李超顺等提出了基于引力搜索的核聚类算法，以核函数参数和聚类中心为最优化变量，通过引力搜索来求得核聚类的模型，利用通用数据集进行数据实验，并将其应用于水电机的组振动故障诊断，获得了比传统类似的聚类方法更高的故障分类精度和准确性。Soualhi等为了降低谐波干扰对电机相电流的影响，提出了基于信号处理和被称为人工蚂蚁聚类的无监督分类技术的感应电机系统故障检测与诊断方法。该方法在5.5 kW的鼠笼式电机上进行了试验，与有监督分类方法相比，该方法在电机状态监测中是有效的。

近些年来，聚类故障诊断在电气与机械领域又有了一些新发展。Santis等提出了故障识别采用相异度学习和聚类分类相结合的方法，并利用模糊集的相关决策规则对电网故障识别的结果进行了比较全面的分析，已经成功应用于罗马的智能电网中。许凡等提出了一种基于模糊熵和总体平均经验模态分解的Gath-Geva（GG）聚类故障诊断法，利用平均模糊熵和分类系数对诊断结果进行评估后所提出的方法有较好的故障诊断效果。Islam等利用聚类和累积投票技术来解决冲突，并处理无法用Duval三角形、Rogers比率和IEC比率进行分类的情况。聚类技术将高度相似的断层分组成一个簇，在不同的数据之间提供一个虚拟的边界。利用 k 最近邻算法从一个未知的变压器数据点索引 3 个最近的聚类，并允许它们对单个或多个故障类别进行投票，累积投票已用于确定变压器的故障类别。该方法能显著提高变压器早期故障诊断的准确性。Rai 等提出了一种基于经验模态分解（empirical mode decomposition，EMD）和 k-Medoids 聚类相结合的轴承性能退化评估方法，首先利用经验模态分解方法从轴承信号中提取故障特征，然后对提取的特征进行 k-Medoids 聚类，得到正常状态和故障状态的聚类中心。该方法比时域特征、自组织映射和基于模糊聚类更能准确地检测早期退化。Zhang 等提出了一种基于时间序列数据特征聚类的钻井过程井涌损失故障诊断方法，对参数组合进行距离关联，保留钻井过程的全部信息，提取时间序列的全局趋势、局部趋势和近似熵特征。该方法的误报率和漏报率较低。

1.3　深海探采装备故障诊断国内外研究现状

目前，关于深海探采装备故障诊断技术的相关研究相对而言还是比较少的。本书通过借鉴水下装备的故障诊断技术来对深海探矿装备的故障诊断进行研究。对水下装备进行故障诊断在国内外已经有许多可以借鉴的经验。

1998 年，美国夏威夷大学的 Yang 等完成了对六自由度自主式水下机器人容错系统的设计与实现。该容错系统包括 3 个方面：故障检测、故障隔离和故障调节。其具体做法是给每个螺旋桨安装一个传感器，采集实际输出的电压，如果电压增强就认为该螺旋桨故障，然后启动容错机制。

1999 年，意大利海军自动化研究所设计了一种无人水下航行器故障诊断系统，并在实际运行条件下进行了测试。故障检测和诊断是通过评估车辆行为的任何重大变化来完成的，为每个执行器故障类型（包括无故障情况）执行一个扩展卡尔曼滤波器。

2001 年，苏格兰 Hamilton 等提出了一种综合多种信息母本的故障诊断系统，该系统由故障空间、观测空间和诊断空间 3 个部分组成。对信息分类并采用故障模式与故障模式分析进行映射的方式来获取更多的信息，再将这些信息输入 3 个空间完成故障诊断。

2002 年，为了在 ROV 出现问题时仍然允许 ROV 继续运行，以便操作员能够完成或确保其任务的安全，必须注意故障的存在，并采取适当的措施，英国威尔士大学的 Tubb 等提出了一种全局和分布式检测技术相结合的故障检测解决方案。

2004 年，英国威尔士大学的 Omerdic 等研究了用于开架式水下装备的故障诊断容错系统。该系统由两部分组成：故障诊断系统和容错控制系统。故障诊断系统用于对推力器的故障进行检测，并通过自组织映射分析和模糊聚类的方式进行故障诊断。

2013年英国伯明翰大学的Dearden等提出了一种离散故障诊断系统。该诊断系统可以检测和识别一些可能威胁AUV健康的故障，同时对计算要求也不高，可以满足AUV的功耗要求。

2014年，挪威科技大学的Zhao等针对"Minerva"ROV（图1-14）设计了一种基于粒子滤波的鲁棒导航与故障诊断系统，该系统考虑了传感器和推进器的10种故障模式，用切换模式隐马尔可夫模型描述了标称水下装备及其异常。该方法鲁棒性强，能够有效地诊断故障，即使在多个故障发生的情况下也能提供良好的状态估计，并且可以诊断单个结构内的所有故障，可以同时诊断故障。国内，有关水下装备故障的相关研究起步较晚，但近几年发展迅猛，取得了一系列新的研究成果。

图1-14 "Minerva"ROV

2004年，中南大学最早对我国研制的深海集矿机提出了针对全系统的故障诊断策略，利用集成神经网络和遗传神经网络对集矿机进行故障诊断。主要方式是首先建立多个子系统神经网络，然后利用信息融合实现对整个系统的故障诊断。

2008年，上海海事大学的Zhu等提出了开放式水下航行器突发故障推力器故障诊断与调节系统。在故障诊断子系统中，采用改进的信用分配小脑模型关节控制器神经网络，实现在线故障识别和加权矩阵计算。故障调节子系统采用基于加权伪逆的控制算法求解控制分配问题。

2014 年，西北工业大学的刘富樯等提出了高普适性与低依赖性的容错控制和故障诊断算法。整个故障诊断由故障检测、故障隔离和故障辨识 3 个部分组成。在反馈控制和故障诊断的基础上，通过对期望值的修正来控制输入，以实现闭环容错控制。

2015 年，哈尔滨工程大学的 Wang 等为水下航行器开发了一种推进器容错控制方法。该方法结合了滑模算法和反步策略，以提高其对建模不确定性和外部干扰的稳健性，采用径向基函数神经网络来近似一般不确定性。

2018 年，哈尔滨工程大学的 Liu 等提出了一种基于虚拟闭环系统的自适应容错控制方法。在该方法中，所构造的虚拟闭环系统主要用于在理想环境下处理初始跟踪误差的影响，避免控制输出中严重的抖振现象。上海海事大学的程学龙等针对我国自主研制的深海载人潜水器的推进器系统难以进行故障的检测与定位的问题，将模糊小脑神经网络运用到主元分析模型中，提出了一种用于载人潜水器推进器系统的主元分析诊断模型。

2021 年，中国科学院的 Xia 等针对"Qianlong-2"AUV（图 1 – 15）提出了一种新的损失函数和训练策略，用于故障检测和识别任务之间的协作。该方法引入监测变量的动态加权系数，实现动态去相关，并将空间注意机制嵌入故障检测网络中，捕捉监测变量与故障之间的语义关系，通过解析该语义关系可以得到故障识别结果。

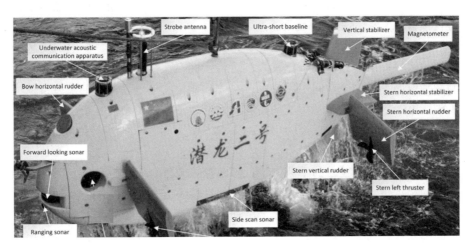

图 1 – 15 "Qianlong-2" AUV

1.4 深海探采装备构建健康监测与故障诊断系统的意义

深海探采装备一般在 1000～6000 m 不等的深海底工作。海底地质地形复杂、作业环境异常恶劣，常常存在众多干扰因素。虽然人类对海洋的勘察在不断深入，但人类对广袤的大海还是知之甚少。对于在深海底作业的深海装备而言还存在许多无法预知的因素，这会严重影响深海探采装备的正常作业，因此，深海探采装备系统在这样的环境下极易发生各种无法预知的故障。而一旦装备发生故障，则有可能导致整个装备系统瘫痪。由于深海探采装备作业于深海底，人通过甲板船对其进行远程遥控，无法直接到设备上，要处理故障必须将装备提升至甲板，这将造成相当大的经济损失。

众多的海洋科学考察经验让人们渐渐意识到要保证深海探采装备的正常运行、提高系统的稳定性和可靠性是根本保障。因此，除了需要重视装备的基本系统功能和性能，对深海探采装备进行故障检测、诊断、处理，努力降低各种故障发生的概率也具有非常重要的意义。

深海探采装备对故障进行判断的常用方法是利用各种传感器（如温度传感器、压力传感器）对设备进行检测。经验丰富的工程师会依据这些传感器数据对设备状态进行判断，推断出可能发生的故障或者已经发生的故障，并作出相应的处置。当遇到特大紧急故障时，会有专用的报警器对故障进行预警。

这些方法在实际中运用比较广泛，实现起来也比较简单，但这对工程师的知识水平和工程经验要求比较高，可替代性不强，而且需要增加许多辅助的硬件设施，增加了空间占用成本，总体智能化水平低。深海探采装备是将机械、电子、液压、声学集成到一起的复杂装备，系统十分复杂，作业环境恶劣，即使水平高、知识经验丰富的工程操作人员也可能会产生误判，再熟练的操作人员也可能出现误诊。

随着深海探采技术的不断进步，深海探采装备会变得越来越复杂，需要监测的物理量会不断增多，对各个部件的性能要求也会提高。要准确诊断出各种复杂多变的故障信息，势必会增加人员的工作负担，对其能力水平也有更高的要求，现有的传统故障诊断方法或者简单引入神经网络、信息融合完成故障诊断变得越来越难以实现。所以，亟须提出一种智能的、能更加深入检测出各类故障信息的故障诊断方法。

1.5　本书所提出的健康监测与故障诊断系统的创新之处

　　基于时频分析与人工智能方法相结合的故障诊断已经被广泛地应用到了机械、电器装备的故障诊断中。随着社会的不断进步，新问题、新要求不断涌现，与机器学习方法相关的新理论和新方法等也需要不断更新与发展，同时，应当将新理论和新方法应用到更广的领域中。本书所提出的健康监测与故障诊断系统的创新点主要有：

　　（1）提出了一种基于集成经验模态分解（ensemble empirical mode decomposition，EEMD）、排列熵和 Gath-Geva（GG）聚类的故障诊断方法。该方法对滚动轴承的振动信号进行分解，提取各分量的熵值，获得熵值特征向量，并对其进行降维后输入聚类算法中，以识别出故障。在此基础上，对多种不同的故障诊断技术路径进行对比分析，得出对滚动轴承的振动信号进行 EEMD 分解，提取排列熵值特征后，采用 GG 聚类识别故障性能最优。

　　（2）提出了一种新的特征自适应选择方法。本书对原始振动信号进行集成经验模态分解后提取出多维的时频特征，提出了一种可用于工程实践的特征选择技术，实现对最优特征的筛选，以提高故障诊断的效率和准确性。该方法首先使用卡方检验（Chi-square test）选出初选特征，然后利用 Variance-Relief-F 方法进行进一步的特征筛选，并利用层次聚类（hierarchical clustering）去除冗余特征，选出最优特征。该特征方法使用设置阈值而不是直接设置要选择的特征数量，这可以很好地避免选择一些非敏感特征，能自适应地选择特征的类型和数量。

　　（3）将故障诊断专家系统思想与智能代理（Agent）思想相结合，设计出了故障专家系统 Agent。依据深海装备系统的结构特点，为每个功能子系统配置了一个故障专家系统 Agent，全局设置一个管理 Agent，各个子系统诊断 Agent 与管理 Agent 通过全局黑板（通信 Agent）进行通信，最终形成了一个适用于深海装备的多 Agent 故障诊断系统。

　　（4）对于故障诊断系统所需要的时间序列信息，使用本书所提出的聚类故障诊断方法做预处理后，再将其结果输入系统的故障诊断专家系统中做进一步判断，可提高故障诊断的效率和效果。

第2章 深海探采装备结构组成及其故障特性分析

深海探采装备是一个集机械、电力电子、液压技术为一体的复杂系统。本章首先对深海探采装备的组成结构、功能结构、存在的主要故障及其相互关系进行了介绍。然后，阐述了深海探采装备故障诊断中存在的问题以及现有方法对深海探采装备故障诊断的局限性。最后，提出了针对深海探采装备全局故障诊断的策略方法。本章主要依托海底钻机进行阐述。

2.1 深海探采装备功能结构及其故障组成

海底钻机是一种典型的深海探采装备系统，在这里以海底钻机为例阐述深海探采装备的功能结构及其故障组成。

海底钻机是集机电液为一体的综合性复杂系统，包含水下部分和水上部分，水上部分为科学考察船，水下部分为海底钻机本体。中间通过绞车间的铠装光电复合缆完成通信与动力传输。水上部分主要包含控制室里的操控台和配电间，水下部分为海底钻机本体部分，是完成海底作业的主体，主要包含水下电控系统和机械液压系统，如图2-1所示。

海底钻机各子系统的功能关系如图2-2所示。甲板操控台内还包含甲板光端机与视频录像机，甲板配电间主要由甲板电源系统与甲板配电柜组成。甲板光端机用于将甲板的电控信号转变成光信号，同时也将水下传输上来的光信号转变成电信号。甲板配电柜用于将电能从甲板电源系统传送至铠装光电复合缆。视频录像机负责对水下摄像头进行视频解码显示。甲板设备与铠装光电复合缆的接口转换均在绞车间完成。

图 2-1　海底钻机本体结构组成

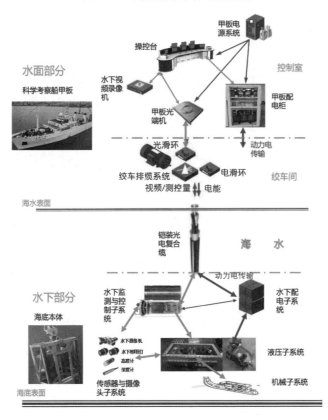

图 2-2　海底钻机各子系统的功能关系

水下电控系统内的水下光端机与铠装光电复合缆连接，接收甲板操控台的所有指令，通过液压系统控制海底钻机本体完成指定作业任务，并将传感器与摄像头的监控信号传送至光电复合缆直至甲板操控台。液压子系统用于驱动机械系统完成相应的动作。水下配电子系统用于将铠装光电复合缆的动力电配送至水下电机的监测与控制子系统。传感器与摄像头子系统用于海底钻机本体的状态参数检测与视频获取。

海底钻机作为集机电液为一体的复杂系统，因故障种类及导致故障的原因众多，在对海底钻机进行故障诊断时，只针对关键极易发生故障的部件采集相应的信号数据进行故障诊断。海底钻机常见的故障类型及所采集的信号种类如图 2 – 3 所示。

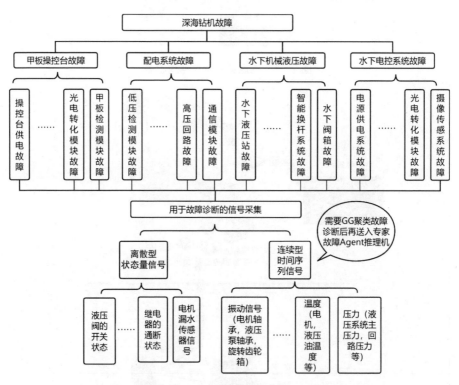

图 2 – 3　海底钻机常见的故障类型及所采集的信号种类

2.2　深海探采装备信号特点

2.2.1　深海探采装备中的时间序列信号

深海探采装备在工作过程中会产生各种体现设备运行状态的参数，如在液压泵、深海探采装备齿轮箱、深水电机上的振动，振动包含了振幅与频率这 2 个基本参数，也有像液压系统中按照一定的时间间隔采集到的压力和流量（图 2 - 4）。

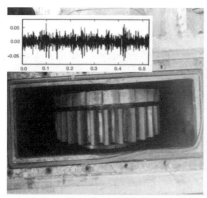
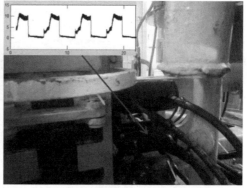

（a）海底钻机齿轮箱及其振动信号　　　（b）下卡盘油缸及其压力信号

图 2 - 4　海底钻机中的时间序列信号

人们将这些参数按照时间的顺序排列出来形成一个时间序列信号，这个信号代表这个部件的动态输出。从这些部件上采集到的这些时间序列信号往往代表着系统内部的动力学行为，而所测到的信号则是其外部的表现，通过对这些时间序列信号进行分析可以预测系统内部的运行状况。站在故障诊断的角度看，可以利用从设备上采集到的时间序列信号完成对某个零部件的故障诊断。

2.2.2　深海探采装备噪声信号的特点

深海探采装备属于比较复杂的机电液系统，各部分之间存在着相互干扰的现象，如图 2 - 5 所示。各部分严重的机械振动干扰及电磁干扰使采集到的信号具有低信噪比的特点。各部分的振动干扰叠加系统中强电磁对传感器采集系统信道的干扰,使得最终采集到的时间序列信号包含的噪声极为复杂。深海探采装备中各种噪声的高度耦合叠加形成的噪声主要体现为白噪声。依靠采集到的时间序列信号建立基于数据驱动的故障诊断方法,可发现部件早期的故障。对深海探采装备完成故障诊断,首先要解决的问题就是该故障诊断方法对白噪声要有较好的抑制能力。因此,需要对时间序列信号进行预处理,剔除噪声成分,并深度挖掘其特征信息,通过降维保留有价值的信息后再进行准确的故障分类,以求最大限度地降低噪声的影响,提高故障诊断效果。

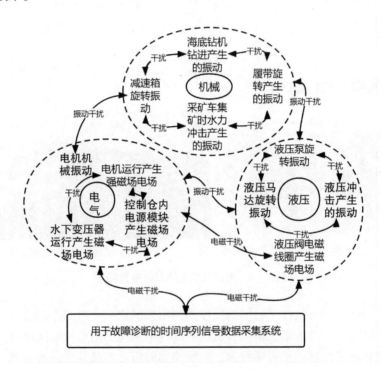

图2-5 海底钻机中常见的噪声干扰

2.3 传统故障诊断方法的局限性

对深海探采装备中时间序列信号进行分析可以完成对其部件的故障诊断。在传统的故障诊断中,对机械零部件建立数学模型,基于时域或频域的某些特性与机械故障的关联性建立相关的经验公式,以判断相应的故障类型。目前，使用比较广泛的方法有谱峭度分析法和包络谱分析法。该类方法利用机械装备的规格参数与其故障特征的频率关系来判断机械装备的状态，进行故障诊断。由于从深海探采装备中采集到的时间序列信号数据与凯斯西储大学（Case Western Reserve University，https://engineering.case.edu）的轴承数据在信号特点上有一定的相似性，本节以凯斯西储大学的轴承数据进行数据实验，对这两种方法的故障诊断效果进行分析研究。

2.3.1　包络谱分析法

对轴承进行故障诊断，可以根据轴承的结构尺寸参数及其运行时的转速建立故障特征频率公式，依据特征频率判断故障是否发生或判断属于哪种故障类型。包络谱分析法通过求取时域包络频谱并基于故障特征频率进行故障匹配。设 D 和 d 分别为节圆和滚珠直径，f_r 为旋转主轴的转动频率，n 为滚动体的个数，φ 为接触角。则内圈故障频率 $IRFF$ 为

$$IRFF = \frac{nf_r}{2}\left(1 - \frac{d}{D}\cos\varphi\right) \tag{2-1}$$

外圈故障频率 $ORFF$ 为

$$ORFF = \frac{nf_r}{2}\left(1 + \frac{d}{D}\cos\varphi\right) \tag{2-2}$$

滚珠故障频率 BFF 为

$$BFF = \frac{Df_r}{2d}\left[1 - \left(\frac{d}{D}\cos\varphi\right)^2\right] \tag{2-3}$$

由以上计算公式可以看出，故障特征频率可以通过轴承的结构参数与旋转频率求得。这样，在故障特征频率与轴承物理结构损坏之间形成了一种关联，使故障特征频率有了具体的物理含义。

使用以 2.2 kW 为负载的振动数据，损伤尺寸为 0.014 in（1 in = 2.54 cm）英寸，在此负载下的主轴旋转速度为 1730 r/min，对应的频率即为 28.83 Hz，根据驱动端轴承参数计算得到的内、外圈和滚动体故障的频率分别为 156.12 Hz、103.35 Hz、135.89 Hz。其对应的原始波形如图 2 - 6 所示。

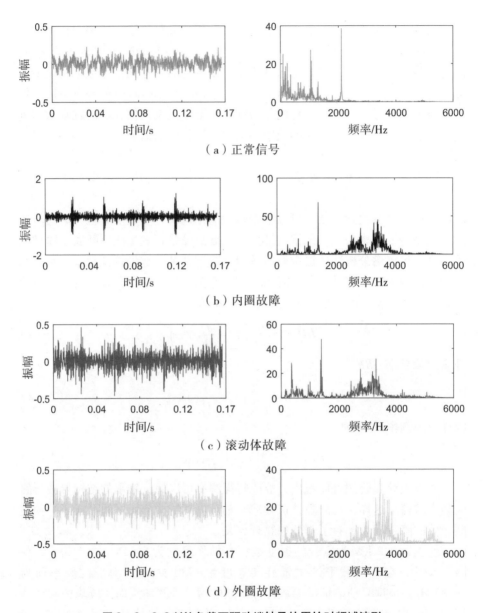

（a）正常信号

（b）内圈故障

（c）滚动体故障

（d）外圈故障

图 2-6　2.2 kW 负载下驱动端轴承的原始时频域波形

　　将时域信号的均值归零处理后再进行希尔伯特变换，求得时域信号的包络谱波形，希尔伯特变换可以表示为：

$$H(x(t)) = \frac{1}{\pi} \int_{-\infty}^{+\infty} \frac{x(\tau)}{t-\tau} d\tau = x(t) * \frac{1}{\pi t} \qquad (2-4)$$

式中：＊表示进行卷积运算；$x(t)$ 与 $H(x(t))$ 为原始信号及其对应的希尔伯特变换。求信号上的包络，通过傅里叶变换获得包络频谱，即为包络谱。包络谱可以表示为：

$$F(H(x(t))) = \int_{-\infty}^{+\infty} H(x(t)) e^{-i\omega t} dt \qquad (2-5)$$

对采集到的信号求出包络谱之后，根据故障特征频率与波形上的频率的匹配，可以判断出相应的故障类型。轴承内圈、外圈以及滚动体故障数据所对应的包络谱如图 2-7 所示。

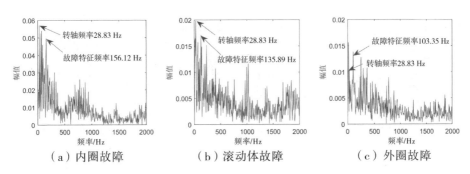

（a）内圈故障　　　　　　　（b）滚动体故障　　　　　　　（c）外圈故障

图 2-7　包络谱及故障特征频率

从图 2-7 中标记出的轴转动频率和故障特征频率可以看出，这两个频率有较明显的峰值特性，该特性说明包络谱分析方法对实验信号数据有较好的故障诊断效果。

考虑到深海探采装备的实际工况，从设备上采集到的信号受到各种振动与电磁的干扰，噪声量大，信号的信噪比低。为了测试包络谱分析法在噪声影响下的有效性，在其中叠加白噪声以降低信号的信噪比。将原始信号通过具有 0 dB 信噪比的信道，得到的包络谱如图 2-8 所示。

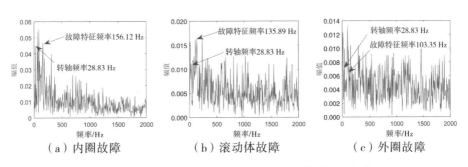

（a）内圈故障　　　　　　　（b）滚动体故障　　　　　　　（c）外圈故障

图 2-8　0 dB 信噪比信道下的包络谱及故障特征频率

从图 2 - 8 可以看出，降低原信号的信噪比之后，振动信号的波形有所变化，导致其包络曲线也受到一定的影响。与无噪声影响的情况相比，在高斯噪声影响下外圈故障的包络谱曲线中故障特征频率的峰值已经不明显，包络谱中其他频率成分强度有一定的提高。

为了更进一步研究噪声对包络谱方法的影响，继续降低原信号的信噪比，让原始信号通过 - 10 dB 信噪比的信道，求出各个故障的包络谱如图 2 - 9 所示。

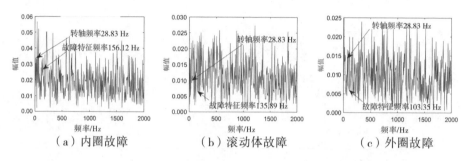

（a）内圈故障　　　　　　　（b）滚动体故障　　　　　　　（c）外圈故障

图 2 - 9　- 10 dB 信噪比信道下的包络谱及故障特征频率

从图 2 - 9 可以看出，继续降低原信号的信噪比之后，振动信号的波形有较大的改变，导致其包络谱曲线也受到较为严重的影响。与无噪声影响的情况相比，在高斯噪声影响下的包络谱曲线中故障特征频率已经无峰值特征，此种情况下已经很难对轴承作出正确的故障诊断。

总体来看，当信号中的噪声信号比较弱时，包络谱分析法可以较好地完成对轴承的故障诊断。但若信号中含有大量的噪声，通过包络谱分析，由于其他频率成分的影响较大，会出现故障特征频率成分不再有峰值的特性，严重影响了故障诊断效果。因此，对于深海探采装备这样存在大量噪声的设备进行故障诊断，包络谱分析法具有一定的局限性。

2.3.2　谱峭度分析法

谱峭度法是通过对时域信号进行傅里叶变换，求得频谱并计算其峭度来完成故障诊断。利用峭度值进行故障诊断是基于稳定的高斯信号的谱峭度值低，而对于非高斯的冲击谱峭度值较高这一特点来完成的。机械装备中的故障信号往往是非高斯频率成分，这样信号的谱峭度就与机械装备的故障频段之间建立起了一种关联特性。依据这一特性，人们可以通过计算谱峭度值来判断故障的发生与否。

首先，为获得频谱，对信号进行短时傅里叶变换：

$$Y_w(iP,f) = \sum_{n=-\infty}^{+\infty} Y(n)w(n-iP)e^{-j2\pi nf} \tag{2-6}$$

式中：f 为频率变量；w 为分析窗口，P 为时间步长为。$Y_w(iP,f)$ 的 $2m$ 阶经验谱距为：

$$\hat{S}_{2mY}(f) = \langle Y_w(iP,f)^{2m} \rangle_i \tag{2-7}$$

式中，以 i 为变量的时间平均运算为 $\langle Y_w(iP,f)^{2m} \rangle_i$。依据其 2 阶和 4 阶的经验谱距，计算其谱峭度：

$$\hat{K}_Y(f) = \frac{\hat{S}_{4Y}(f)}{\hat{S}_{2Y}^2(f)} - 2 \tag{2-8}$$

从以上表达式可以看出，其最后减去了一个常数项，这样做的目的是让高斯成分的谱峭度值降为 0，以凸显非高斯冲击成分。

利用文献 [86] 中改进的谱峭度方法进行不同噪声强度下的故障分析，依然利用上一节数据进行分析。在这种分析方法中不再使用固定的分析窗，而是同时使用不同宽度的分析窗口，以求得不同频率下的谱峭度值，最终形成峭度图，这种图能凸显谱峭度峰值，同时也能很好地展示非高斯成分的频段。以上 4 种轴承故障（包含一组正常信号）的峭度图如图 2 - 10 所示，图中谱峭度值由低到高变化，相应的颜色则由深色到浅色转变。

由图 2 - 10 可以发现，总体而言，正常状态信号的谱峭度值较小，而故障信号的谱峭度值较大。不同的分析窗下，谱峭度值有一定的差异性。通过峭度图可以清楚地看出非高斯成分及其所处的频段，从而判断相应的故障类别，为故障诊断提供依据。

同样地，为了分析在不同噪声的影响下谱峭度法的故障诊断效果，向原始信号中加入噪声，让其通过 0 dB 信噪比的信道，并求得不同故障信号数据下的峭度图，如图 2 - 11 所示。从图 2 - 11 中可以看出，谱峭度值分布及其大小均有所变化，具体表现为：故障信号的谱峭度峰值与无噪声情况下相比有所下降，谱峭度峰值发生的频段也有所变化。这增加了利用谱峭度指标进行故障判别的难度，给故障诊断结果带来了不利影响。

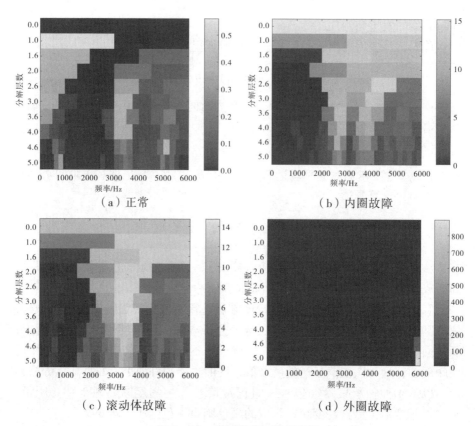

（a）正常　　　　　　　　　　　　　（b）内圈故障

（c）滚动体故障　　　　　　　　　　（d）外圈故障

图 2 - 10　不同状态下的峭度图

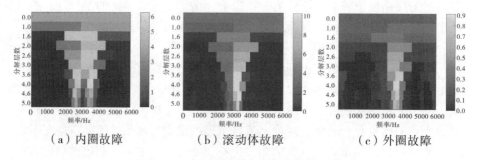

（a）内圈故障　　　（b）滚动体故障　　　（c）外圈故障

图 2 - 11　0 dB 信噪比信道下的峭度图

　　为了更进一步研究噪声对谱峭度法的影响，继续降低原信号的信噪比，让原始信号通过 - 10 dB 信噪比的信道。3 种故障模式下的轴承振动信号峭度图如图 2 - 12 所示。由较强高斯白噪声影响下的轴承故障数据峭度图可以看出，故障信号的谱峭度峰值与无噪声情况下相比下降明显，且峰值所在的频段发生了较大的改变，这说明该检测方法比较容易受到噪声的影响，在强噪声下可能导致作出错误的故障诊断结果。

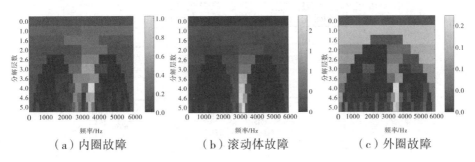

（a）内圈故障　　　　　（b）滚动体故障　　　　　（c）外圈故障

图 2 - 12　　- 10 dB 信噪比信道下的峭度图

综上所述，要对存在大量噪声的设备进行故障诊断，包络谱分析法和谱峭度法的诊断效果仍存在一定的局限性。因此，包络谱分析法和谱峭度法难以实现深海探采装备系统在强噪声影响下的故障检测和识别。

2.4　深海探采装备全局故障诊断策略

在深海探采装备的故障诊断中，除了采集其中的时间序列信号，还会采集大量离散型的状态量信号，如深水电机漏水状态传感器信号、机械手位置信号等，因此，仅仅通过聚类故障诊断方法对整个系统完成故障诊断是不可信的，也是不可行的。

深海探采装备故障分布及其逻辑关系如图 2 - 13 所示，从图中可以看出，深海探采装备中每个子系统都有其相应的故障逻辑。另外，由于整个系统的机械、液压与电气是一个功能的有机整体，各子系统之间的故障也存在着联系。要完成对某一部分的故障诊断可能需要系统其他部分的数据支持，一个子系统的某个故障可能是由另一个子系统的故障引起的。

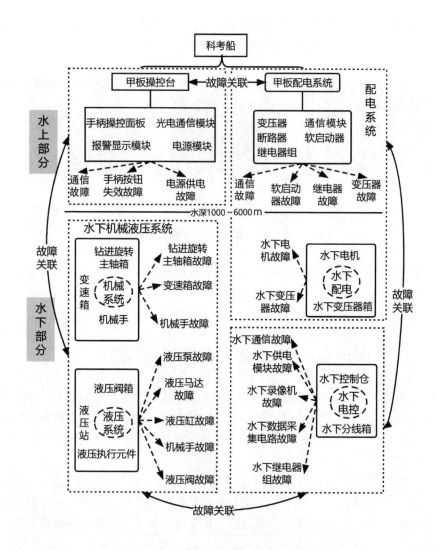

图2-13 海底探采装备故障分布及其逻辑关系

　　深海探采装备包含水下与水上两大部分，水下部分又包含多个子部分，整个系统庞大，各部分之间存在着一定的空间距离。深海探采装备通过建立局域以太网络完成各部分之间的通信。以太网各个终端在功能及在结构上均有一定的独立性，各部分的通信与数据传输一般都存在着延时现象，这种延时可能导致故障数据被遗漏或者被误判。在"大洋一号"第34航次中，由于水下姿态传感器信号数据与绞车应力信号数据未及时传送至甲板操控台控制中心，在恶劣海况下未及时调整铠装光电复合缆的长度，海底钻机严重偏

斜，钻杆弯曲变形。

此外，海底钻机内部故障逻辑关系复杂且庞大，当系统出现某个故障时，即便熟练的工程师也很难及时地发现故障，或在发现故障之后也无法迅速地推断出产生此故障的原因和准确地定位到故障点。在"大洋一号"第46 航次中，作业时负责甲板操控的几位工程师的主要精力集中在任务上，未及时关注深水电机电流信号的变化以及绝缘值的变化并对其进行分析，导致水下电机短路损坏。海底钻机中需要监测的信号众多，需要根据各信号数据进行分析与研判，故障诊断任务繁重，一般工程师难以胜任，这就需要有一位类似人类的故障诊断"专家"根据各处的信号数据分析进行故障报警与提示。

为完成深海探采装备全系统的故障诊断，解决以上两个难点问题，引入了 Agent 思想和专家系统思想，对典型的专家系统进行改进，形成了一个故障专家 Agent。为每个深海探采装备子系统构造一个故障专家 Agent，并利用全局通信"黑板"思想，将每个子系统的故障专家 Agent 组成一个整体，这个整体包含用于局部故障诊断的聚类故障诊断方法。通过总揽全局的管理 Agent，使该系统既能解决局部故障诊断问题，又能解决全局故障诊断问题。最终形成了一个具有类似人类的故障诊断"专家"功能的故障诊断系统——基于聚类与智能代理的多 Agent 故障诊断专家系统（Fault Diagnosis Expert System，CA-FDES）。

2.5　本章小结

深海探采装备是一个集机械、电力电子、液压技术为一体的多学科高集成的复杂系统。深海探采装备包含水上与水下的多个系统，各个子系统的功能彼此相互依存而构成一个有机的整体。

对用于局部故障诊断的深海探采装备时间序列而言，其信号具有低信噪比的特点，使用传统的包络谱分析法和谱峭度法难以对低噪声比的信号作出有效的故障诊断。

就深海探采装备全局故障诊断问题而言，深海探采装备系统中各部分在结构上有一定的独立性，各部分的通信与数据传输存在着延时，这种延时可能导致故障数据被遗漏或者被误判。加上深海探采装备中需要监测的信号众多，需要根据各信号数据进行分析与研判，故障诊断任务繁重，一般的工程师难以胜任，这就需要有一位类似人类的故障诊断"专家"根据各处的信号数据分析进行故障报警与提示。

第3章 基于 EPL-GG 的深海装备时间序列信号故障诊断方法

在对海底探采装备进行故障诊断的过程中，从设备上采集到的信号主要包含两类。一类为离散型状态信号，另一类为时间序列信号。海底钻机主轴的轴承振动信号、卡盘张紧油缸的压力信号等为时间序列信号，这类信号数据量大且信号中掺杂有大量噪声，具有低信噪比的特点。为完成对海底钻机中时间序列信号的故障诊断，本章提出了一种新的基于集合经验模态分解、排列熵、线性判别分析（linear discriminant analysis，LDA）降维与 GG 聚类的故障诊断方法（简称 EPL-GG 故障诊断方法），并利用凯斯西储大学的轴承数据中心的数据进行数据实验，以验证该方法对噪声的鲁棒性。

3.1 时间序列信号分解及熵值特征

3.1.1 故障信号的 EEMD

时间序列信号属于时域信息，通常为原始信号，包含的信息是最完整、最全面的。在海底钻机中采集到的时间序列信号通常会混入大量的背景噪声，这严重影响信号的频谱特性，因此，需要对原始信号进行信号处理、特征降维，再进行故障分类。

本章采用 EEMD 对信号进行处理。EEMD 方法是增加白噪声后再进行经验模态分解（empirical mode decomposition，EMD）的一种方法。EMD 是一种自适应的有效处理高非线性度信号的方法。通过逐阶段筛选，从分析的信号中提取许多的模态函数分量。每个本征模态函数（intrinsic mode function，IMF）分量都必须满足在所有点上极大值与局部极小值的平均值为零，以及极值的相对应的数量和零交叉的数量差值不超过 1。

EEMD 是一种对 EMD 改进后的信号处理的方法。它有 EMD 的优点，如局部特征的表现方面。改进后的 EEMD 方法有效地解决了模式混叠现象，其运行过程如下。

（1）假设 $x(t)$ 为待分析信号，向该信号添加振幅系数为 ε 的高斯白噪

声，并且迭代次数设置为 N_c，即

$$x_j(t) = x(t) + \varepsilon\omega_j(t), j = 1, 2, \cdots, N_c \qquad (3-1)$$

式中，$\omega_j(t)$ 为附加的白噪声，$x_j(t)$ 为背景噪声。

（2）利用 EMD 对附加的噪声信号 $\omega_j(t)$ 进行分解求得本征模态函数分量。

（3）重复步骤（1）和（2），如此重复 N_c 次，每次使用不同的噪声信号。

（4）计算所有本征模态函数组成部分的平均值，即

$$\overline{IMF_i} = \frac{1}{N_c}\sum_{j=1}^{N_c}IMP_i^j \qquad (3-2)$$

式中，IMP_i^j 为第 j 次分解得到的第 i 层本征模态函数分量。

（5）EEMD 的分解结果如下：

$$x(t) = \sum_{i=1}^{n}\overline{IMF_i} + \bar{r} \qquad (3-3)$$

式中，$\bar{r}$ 为分解趋势项的平均值。

海底钻机中采集到的时间序列信号大多有一定的周期性，其自相关函数也有一定的周期性，而噪声信号自相关函数一般随延时的增加而趋近于 0。基于此，通过计算 EEMD 后获得本征模态函数分量与原信号的相关系数，可有效剔除其中的噪声本征模态函数分量。信号的自相关函数为

$$R_x(m) = \frac{1}{N}\sum_{i=0}^{N-1}x(i)x(i+m) \qquad (3-4)$$

本征模态函数分量与原信号的相关系数为

$$d(j) = \frac{\displaystyle\sum_{i=1}^{2N-1}R_{IMF_j}(i)R_x(i)}{\displaystyle\sum_{i=1}^{2N-1}R_{IMF_j}^2(i)\sum_{i=1}^{2N-1}R_x^2(i)} \qquad (3-5)$$

式中，N 为信号样本点数量，IMF_j 代表各分量。

通过求取各个相关系数，其值小于 0.5 的分量被认为是噪声，应予以剔除，以达到滤除噪声的目的。

3.1.2　熵值特征提取

信号可以提取的特征有多种类型，本章只选用排列熵、样本熵、模糊熵作为特征用于研究聚类方法的故障诊断效果。

熵是用来描述一个事物有序程度的物理量。熵越大表明所描述的事物越混乱，熵越小则表明所描述的事物越有序。熵也可以用来描述热力学。在资讯理论中，用熵来描述不确定性。根据熵的这些特点，可以用熵值来综合评判一个事物的总体有序程度，这种有序与无序的状态直接反映这一个事物的独有特点，可以为一个事物的综合评价提供参考。本章中涉及的熵为排列熵、样本熵和模糊熵。

（1）排列熵。排列熵算法属于一种数学统计方法，一直受到学者们的青睐。目前，该方法应用广泛，有许多学者对其进行了更为深入的研究，所研究的领域涵盖了机械、医学、气候、图像处理等。排列熵是熵的一种，可以用于描述一个时间序列的有序与无序的严重程度，与其他用于描述信号复杂程度的参数相比有计算简单等特点。下面介绍其计算原理。

设序列为 $X = \{x(i) \mid i = 1,2,\cdots,n\}$，$m$ 与 τ 为嵌入其中的维数和延迟跨度。对 X 进行相空间重构，可以得到式（3-6）表示的重新构造后的矩阵：

$$\begin{bmatrix} x(1) & x(1+\tau) & \cdots & x(1+(m-1)\tau) \\ x(2) & x(2+\tau) & \cdots & x(2+(m-1)\tau) \\ \vdots & \vdots & & \vdots \\ x(j) & x(j+\tau) & \cdots & x(j+(m-1)\tau) \\ \vdots & \vdots & & \vdots \\ x(k) & x(k+\tau) & \cdots & x(k+(m-1)\tau) \end{bmatrix} \quad (3-6)$$

式中，$k = n - (m-1)\tau$。矩阵共有 k 行。如果 $\{j_1,j_2,\cdots,j_m\}$ 表示分量列的索引，将式（3-6）按照上升的顺序排列可以得到式（3-7）：

$$x(i+(j_1-1)\tau) \leqslant x(i+(j_2-1)\tau) \leqslant \cdots \leqslant x(i+(j_m-1)\tau) \quad (3-7)$$

如果分量中存在着相等的数值，可通过比较 j_1 和 j_2 的值对其进行重新编排。即当 $j_1 < j_2$ 时，有 $x(i+(j_1-1)\tau) < x(i+(j_2-1)\tau)$。因此，对于任何分量，都存在序列 $s(l) = (j_1,j_2,\cdots,j_m)$，$l = 1,2,\cdots,K$，并且 $K \leqslant m!$。这意味着可以映射到 $m!$ 种的序列。计算得到每个序列的概率 $(P_1,P_2,\cdots,P_j)$。按照香农熵的形式，定义排列熵为：

$$H_p(m) = -\sum_{j=1}^{m!} P_j \ln P_j \quad (3-8)$$

当 $P_j = 1/m!$ 时，$H_p(m)$ 将达到最大值 $\ln m!$。标准化 $H_p(m)$，则有：

$$H_p = H_p(m)/\ln m! \quad (3-9)$$

显然，H_p 可以代表 x 的有序情况。H_p 越小，x 的随机性程度就会越小，反之亦然。其求解流程如图 3 - 1 所示。

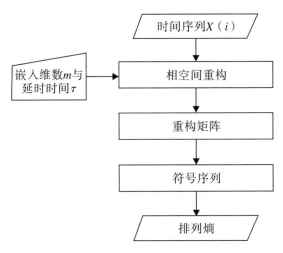

图 3 - 1　排列熵算法流程

（2）样本熵。样本熵由近似熵发展而来，相较于近似熵，样本熵能更好地代表原始信号中所蕴含的信息。就其他的评估方法，如关联维分析（correlation dimension）而言，通过计算样本熵来对复杂系统中包含确定性特征和随机特征的时间序列进行复杂度评估，有其优越性。对于给定长度为 N 的序列，定义长度为 $N - m + 1$ 的向量 $\boldsymbol{x}_m(i)$ 为

$$\boldsymbol{x}_m(i) = [x(i), x(i + 1), \cdots, x(i + m - 1)], 1 \leqslant i \leqslant N - m + 1$$

$$(3 - 10)$$

式中，m 为要比较的序列长度。

两个向量的距离定义如下：

$$d_m(\boldsymbol{x}_m(i), \boldsymbol{x}_m(j)) = \max(\boldsymbol{x}_m(i + k) - \boldsymbol{x}_m(j + k)), 0 \leqslant k \leqslant m - 1$$

$$(3 - 11)$$

定义方程

$$B_i^m(r) = \frac{1}{N - m + 1} v^m(i), 1 \leqslant i \leqslant N - m + 1 \qquad (3 - 12)$$

式中，r 为举证的相似容限，v^m 为 $\boldsymbol{x}_m(i)$ 和 $\boldsymbol{x}_m(j)$ 之间的距离不超过 r 的数目，即 $i \neq j$ 时，$d_m[\boldsymbol{x}_m(j), \boldsymbol{x}_m(j)] \leqslant r$。

类似地，定义方程

$$A_i^m(r) = \frac{1}{N - m + 1} w^{m+1}(i), 1 \leqslant i \leqslant N - m + 1 \qquad (3 - 13)$$

式中，w^{m+1} 为当 $i \neq j$ 时满足条件 $d_{m+1}(\boldsymbol{x}_{m+1}(i), \boldsymbol{x}_{m+1}(j)) \leqslant r$ 的个数。

由此有

$$B^m(r) = \frac{1}{N-m} \sum_{i=1}^{N-m} B_i^m(r) \qquad (3-14)$$

$$A_i^m(r) = \frac{1}{N-m+1} w^{m+1}(i), \ i = 1 \leqslant i \leqslant N-m+1 \qquad (3-15)$$

式中，$B^m(r)$ 表示序列匹配到了 m 个分布点的概率值，$A^m(r)$ 表示匹配到 $m+1$ 个点所得到的概率值。

样本熵定义为

$$SampEn(m,r) = \lim_{N \to \infty} \left\{ -\ln \frac{A^m(r)}{B^m(r)} \right\} \qquad (3-16)$$

如果 N 为有限值，那么样本熵为

$$SampEn(m,r,N) = -\ln \frac{A^m(r)}{B^m(r)} \qquad (3-17)$$

（3）模糊熵。对一个时间序列 $\{u(1), u(2), \cdots, u(N)\}$，取一非负整数 $m(m \leqslant N-2)$，对时间序列进行重构后可得

$$s^m[i] = \{u(i), u(i+2), \cdots, u(i+m-1)\} - u_0(i) \qquad (3-18)$$

式中，$i = 1, 2, \cdots, N-m+2$，$u_0(i)$ 为

$$u_0(i) = \frac{1}{m} \sum_{j=0}^{m-1} u(i=j) \qquad (3-19)$$

设隶属度函数为

$$A(x) = \begin{cases} 1, x = 0 \\ \exp\left[-\ln(2) \left(\frac{x}{r} \right)^2 \right], x > 0 \end{cases} \qquad (3-20)$$

式中，r 为相似容限度，根据式(3-20)，令隶属函数为

$$A_{ij}^m = \exp\left[-\ln2 \cdot (d_{ij}^m/r)^2 \right] \qquad (3-21)$$

式中，d_{ij}^m 为窗口向量之间的距离，定义为

$$d_{ij}^m = d(s^m[i], s^m[j]) = \max_{p=1,2,\cdots,m} (|u(i+p-1) - u_0(i)|$$
$$- |u(j+p-1) - u_0(j)|) \qquad (3-22)$$

于是有

$$C_i^m(r) = (N-m)^{-1} \sum_{j=1, j \neq i}^{N-m+1} A_{ij}^m \qquad (3-23)$$

即

$$\Phi^m(r) = (N-m+1)^{-1} \sum_{i=1}^{N-m+1} C_i^m(r) \qquad (3-24)$$

因此，可以定义时间序列的模糊熵为

$$FuzzyEn(m,r,N) = \ln\Phi^m(r) - \ln\Phi^{m+1}(r) \qquad (3-25)$$

式中，N，r，m 分别为时间序列长度、容限度、维数。通常，相空间维数越多越能更好地重构出系统的动态演化过程，但会增加计算量。相似容限度一般会削弱对噪声的抗干扰能力。

3.2　EPL-GG 故障诊断方法的实现流程

在提取了熵值特征后，为降低计算量并最大限度地保留特征中的有用成分，需要对其进行降维。本章采用 LDA 对数据实现降维，将降维后的数据输入 GG 聚类中完成故障分类。

3.2.1　线性判别分析降维

设待降维的 D 维数据为 $X = \{(x_i, y_i)\}_{i=1}^m$，$y_i \in \{1, 2, \cdots, N\}$，现需通过 LDA 算法降维至 D'。

（1）计算数据类内散度矩阵 $\boldsymbol{S}_w$：

$$\boldsymbol{S}_w = \sum_{i=1}^N \sum_{\boldsymbol{x} \in X_i} (\boldsymbol{x} - \boldsymbol{\mu}_i)(\boldsymbol{x} - \boldsymbol{\mu}_i)^{\mathrm{T}} \qquad (3-26)$$

（2）计算数据类间散度矩阵 $\boldsymbol{S}_b$：

$$\boldsymbol{S}_b = \sum_{i=1}^N m_i(\boldsymbol{\mu}_i - \boldsymbol{\mu})(\boldsymbol{\mu}_i - \boldsymbol{\mu})^{\mathrm{T}} \qquad (3-27)$$

式中，$\boldsymbol{\mu}$ 为均值向量，m_i 为第 i 类的样本数目。

（3）计算矩阵 $\boldsymbol{S}_w^{-1}\boldsymbol{S}_b$。

（4）对（3）求得的矩阵进行分解，得到其特征向量 $\boldsymbol{w}_i(i=1,2,\cdots,N-1)$ 及其相应的特征值 $\boldsymbol{\lambda}_i$。

（5）对得到的特征值进行从大到小排序，将前 D' 个特征向量提取出来组成投影矩阵 $\boldsymbol{W}$。

（6）计算原数据样本集中每个样本在新的低维空间的投影，计算方法如下：

$$z_i = \boldsymbol{W}^{\mathrm{T}} x_i \qquad (3-28)$$

（7）得到降维后的样本集如下：

$$X' = \{(z_i, y_i)\}_{i=1}^m \qquad (3-29)$$

3.2.2 GG 聚类分析

GG 聚类算法的计算步骤如下：

（1）假设数据样本矩阵为 $X = \{x_1, x_2, \cdots, x_n\}$ 且有 m 个特性，初始化聚类簇数为 c，则隶属度划分矩阵为 $U = (u_{ik})_{c \times n}$，且满足以下条件：

$$u_{ik} \in [0,1], i = 1,2,\cdots,c \qquad (3-30)$$

$$2 \leqslant c \leqslant n \qquad (3-31)$$

$$k = 1,2,\cdots,n \qquad (3-32)$$

$$\sum_{i=1}^{c} u_{ik} = 1, 0 < \sum_{i=1}^{n} u_{ik} < n \qquad (3-33)$$

式中，u_{ik} 表示第 k 个样本划归到第 i 个簇类的符合程度。

（2）设置终止公差 ω，使 $\omega > 0$，并随机初始化分类矩阵 U。

（3）计算簇群中心点：

$$v_i^l = \sum_{k=1}^{n} \zeta_{ik}^{l-1} x_k \bigg/ \sum_{k=1}^{n} \zeta_{ik}^{l-1}, 1 \leqslant i \leqslant c \qquad (3-34)$$

式中，$l = 1, 2$。

（4）计算最大模糊似然估计距离：

$$D_{ikA_i}^2(x_k, v_i) = \frac{[\det(A_i)]^{1/2}}{a_i} \exp\left(\frac{1}{2}(x_k - v_i^l)^{\mathrm{T}} A_i^l (x_k - v_i^l)\right) \qquad (3-35)$$

式中，a_i 为第 i 簇类的先验概率，即

$$a_i = \frac{1}{n} \sum_{k=}^{n} \zeta_{ik} \qquad (3-36)$$

$$A_i^l = \sum_{k=1}^{n} (\zeta_{ik}^{l-1})^m (x_k - v_i^l)^{\mathrm{T}} \bigg/ \sum_{k=1}^{n} (\zeta_{ik}^{l-1})^m \qquad (3-37)$$

最小化目标函数为

$$J(X, U, V) = \sum_{i=1}^{c} \sum_{k=1}^{N} u_{ik}^2 D_{ikA}^2 \qquad (3-38)$$

（5）更新隶属度的分类矩阵：

$$\zeta_{ij}^{(l)} = 1 \bigg/ \sum_{j=1}^{c} [D_{ikA_i}(x_k, v_i)/D_{jkA_i}(x_k, v_i)]^2, 1 \leqslant i \leqslant c, 1 \leqslant k \leqslant n \qquad (3-39)$$

直到 $\|U^{(l)} - U^{(l-1)}\| < \omega$。

EPL-GG 故障诊断方法的主要步骤如下，故障诊断流程如图 3 - 2 所示。

（1）为获得本征模态函数分量，对信号进行 EEMD，并剔除噪声分量。

（2）计算本征模态函数分量的排列熵值，得到一系列的特征向量。

（3）采用 LDA 对特征矩阵进行降维。

（4）将降维处理后的特征向量作为最后 GG 聚类的故障诊断数据，进行聚类分析。

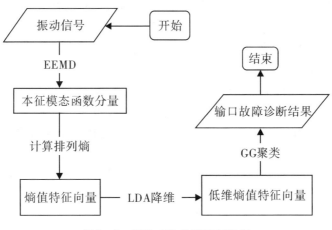

图 3 - 2　EPL-GG 故障诊断流程

3.3　EPL-GG 方法原理及其对噪声的适应性分析

设 $X = \{x(i) \mid i = 1, 2, \cdots, N\}$ 为采集到的 N 个样本。对这 N 个样本进行故障分类完成故障诊断的步骤如下：

（1）对每个样本 $x(i)$ 进行 EEMD，可得

$$x_i(t) = \sum_{i=1}^{n} \overline{IMF_i} + \bar{r} \qquad (3 - 40)$$

并得到样本 $x(i)$ 对应的 r 个本征模态函数分量向量：

$$IMF = (IMF(1), IMF(2), \cdots, IMF(r)) \qquad (3 - 41)$$

计算自相关函数 $R_x(m)$，以此求得各分量的相关系数 $d(j)$，相关系数低于 0.5 的分量将被认为噪声分量被剔除，最终获得 r' 个有效的分量。

（2）进行熵值特征提取，形成 r' 维的熵值特征向量：

$$F = \{f(i) \mid i = 1, 2, \cdots, r'\} \qquad (3 - 42)$$

对 N 个样本而言，将形成一个 $r' \times N$ 阶的数据矩阵：

$$D = \{(D_i, y_i)\}_{i=1}^m, y_i \in \{1, 2, \cdots, N\} \qquad (3-43)$$

（3）利用 LDA 进行降维。计算 $D_r' \times N$ 的类内散度 S_w 和类间散度 S_b。计算矩阵 $S_w^{-1} S_b$，并进行分解。将最大的 3 个特征值所对应的分量取出，获得降维后的数据矩阵 $D'_{3 \times N}$。

（4）利用 GG 聚类对降维后的数据进行聚类分析。设需要将这 N 个样本分成 c 个簇类，则隶属度划分矩阵为 $U = (u_{ik})_{c \times N}$。首先，初始化该矩阵，计算簇群中心 v^l。其次，计算最大模糊似然估计距离，更新隶属度的分类矩阵直到 $\|U^{(l)} - U^{(l-1)}\| < \omega$，获得最终的聚类中心及各样本相对于簇类的隶属度，形成最终的分类矩阵，完成故障聚类分析，得出故障诊断结果。

该方法对噪声的适应性体现在：第一，它充分利用了 EEMD 的特性，可以抑制 EMD 过程中的模态混叠，并使用相关系数法剔除噪声的本征模态函数分量，实现对信号的第一步降噪；第二，提取熵值特征后，通过降维可以较好地提取信号中的有价值的成分，对信号中的背景噪声有一定的鲁棒性。

此外，对海底钻机的故障诊断而言，该方法有以下优点：第一，排列熵对数据长度的要求较低，可以适应海底钻机中某些部件的传感器数据丢失的情况；第二，针对该方法得到的熵特征向量存在维数高和数据可视化的新问题，采用 LDA 对目标对象进行降维，将低维、信息质量好的主要数据输入 GG 聚类中进行聚类分析，可以提高故障诊断的效果。

3.4　EPL-GG 中关键故障诊断策略对比实验研究

3.4.1　聚类效果评价指标

聚类有效性指评估给定的模糊分区是否符合数据的实际分布，对数据的分类是否合理。聚类算法总是试图寻找对数据进行聚类的最佳类别数量和最佳聚类边界。然而，聚类算法寻找到最佳边界并不意味着找到了对数据最好的适合区分。如果数据可以以一种有意义的方式进行分组，那么簇群的数量可能是错误的，或者簇群的形状可能不对应于数据中的簇。能够区分、确定数据中适当的集群数量的主要方法有两种。

（1）设置一定的标准，从大量的簇中不断进行合并，以减少簇的数量。

（2）对多个有不同聚类中心的聚类结果使用效度度量来评估其所获得的分区的优越程度。这可以通过两种方式来实现：①估计簇群数量的上限

$c_{\max}$，对于每种簇群数量 $c \in \{2,3,\cdots,c_{\max}\}$，运用有效性函数进行计算。对于每个分类方案，有效性函数提供了一个值，以便对每个分类方案进行间接的比较。②定义一个有效性函数，用于评估集群分区的单个簇群。根据有效性函数，将得到的聚类进行相互比较。类似的簇群被收集在一个集群中，非常坏的集群被消除，因此集群的数量减少了。

在本书中，将使用分区系数、分类熵和 XB 指数（Xie and Ben index），XB 来评估这些不同模型的聚类效果。设 u_{ik} 为隶属度值，各个指标定义如下：

（1）分区系数用来描述簇群之间重叠的数量多少，其计算方法如下：

$$PC = \frac{1}{n} \sum_{i=1}^{c} \sum_{k=1}^{n} u_{ik}^2 \qquad (3-44)$$

从式（3-44）可以看出，该值越趋近于 1，各族群之间重叠的数量越少，表示聚类越集中，越难出现簇间混叠现象。

（2）分类熵用于度量分组的模糊性，这个与上一指标类似，其计算方法如下：

$$CE = -\frac{1}{N} \sum_{i=1}^{c} \sum_{k=1}^{n} u_{ik} \log u_{ik} \qquad (3-45)$$

从式（3-45）可以看出，该值越趋近于 0，表示各簇群之间的界限越清晰，聚类效果越好。

（3）XB 指数用于量化簇群内总的变化比率和簇群的分离程度，其计算方法如下：

$$XB = \frac{\sum_{i=1}^{c} \sum_{k=1}^{n} u_{ik}^m \|x_j - v_k\|^2}{n \cdot \min_{i,k} \|x_j - v_k\|^2} \qquad (3-46)$$

从式（3-46）可以看出，该值越趋近于 0，表示各簇群之间的分离效果越明显，聚类效果越好。

3.4.2　EPL-GG 故障诊断方法数据实验

由于从海底钻机中采集到的时间序列信号数据与凯斯西储大学的轴承数据在信号特点上有一定的相似性，故采用凯斯西储大学数据中心（https://engineering.case.edu）的轴承数据进行数据实验。轴承品牌为 SKF，负载功率为 1.47 kW。其中的轴承局部故障由人为制造，具体实验过程如图 3-3 所示。

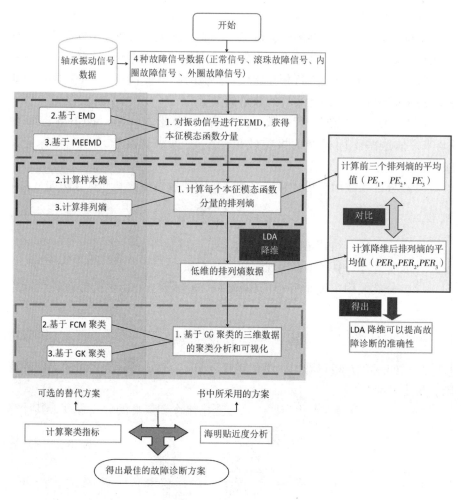

图 3-3　实验过程

振动信号实验数据包含为滚珠故障数据、内圈故障 (ignition failure, IF) 数据和外圈故障数据三类。此外，还有一组正常的信号。采集卡采集的频率为 12 kHz，故障点的直径为 0. 1778 mm。每种类型采集 50 组样本数据，其长度为 2048。以一个振动信号 $x(t)$ 为例，对信号进行分解，结果如图 3-4 所示。计算每个本征模态函数分量的排列熵，得到每个信号类型的排列熵特征向量。在剔除了噪声分量的情况下，每个样本信号分解得到的分量数一般有 6 个以上，因此得到的排列熵特征向量是一个高维向量。为了可视化和聚类分析，有必要利用 LDA 算法将特征向量的高维数降维，降维用于可视化的三维数据。因此，得到了 4 组排列熵特征向量（含正常轴承信号的特征向量），每个特征向量的维数均为 3 × 50。其平均值见表 3 - 1，表中 PE_1 代表第一个本征模态函数分量的排列熵平均值，PE_2 代表第二个本征模态函数分量的排列熵平均值，PE_3 代表第三个本征模态函数分量的排列熵平均值。

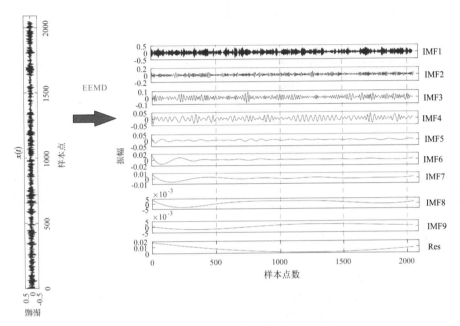

图 3 - 4　振动信号的本征模态函数分量

表 3 - 1　前三个本征模态函数分量的排列熵平均值

信号类型	平均值		
	PE_1	PE_2	PE_3
正常信号	0.663	0.502	0.376
滚珠故障信号	0.792	0.643	0.457
内圈故障信号	0.879	0.632	0.45
外圈故障信号	0.869	0.688	0.474

　　根据表 3 - 1，可以发现分解得到的第一个、第二个与第三个本征模态函数的排列熵是完全不同的，不同故障类型之间也存在不同，即它们的复杂程度存在区别。这为利用熵值特征进行聚类故障诊断提供了依据。

　　与表 3 - 1 对应，表 3 - 2 为经 LDA 降维后特征向量的排列熵平均值。

表中 PER_1 代表降维后第一维数据的排列熵平均值，表中 PER_2 代表降维后第二维数据的排列熵平均值，表中 PER_3 代表降维后第三维数据的排列熵平均值。从表 3-2 中的数据中可以发现，数据降维后很好地保留了数据的有用信息，使不同信号之间的熵值差异性更加明显。这将使聚类具有更好的紧凑性，可以提高聚类效果，有助于提高故障诊断的准确性。

表 3-2　经 LDA 降维后特征向量的排列熵平均值

信号类型	平均值		
	PER_1	PER_2	PER_3
正常信号	-29.448	1.052	0.510
滚珠故障信号	1.192	-4.551	-1.483
内圈故障信号	12.639	6.112	-0.544
外圈故障信号	15.617	-2.613	1.516

利用 LDA 降维，将降维后得到的低维特征向量输入 GG 聚类中，完成对故障的分类。本次实验包含 3 类故障数据和 1 类正常数据，总计 4 类数据，因此将聚类中心的数量设置为 4。得到的聚类结果如图 3-5 和图 3-6 所示。从图中可以看出，各类数据之间的区分度较好，未发现簇间混叠现象，有较好的聚类效果。

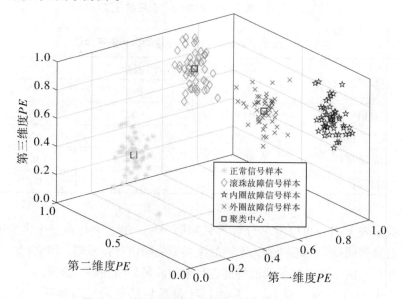

图 3-5　基于排列熵的 GG 聚类三维空间分布

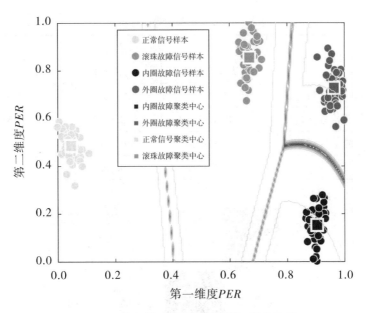

图 3 - 6　基于排列熵的 GG 聚类二维等高线

为了进一步证明聚类的正确与否，可以计算各个样本 T 相对于聚类中心 C_i 的海明贴近度，即

$$N(C_i, T) = 1 - \frac{1}{n} \sum_{k=1}^{n} |C_i(x_k) - T(x_k)| \qquad (3-47)$$

数据之间的平均海明贴近度越接近 1，说明数据之间越贴近。计算各数据的聚类中心见表 3 - 3。图 3 - 7 显示了每类样本对 4 个聚类中心的海明贴近度。从图中可以看出，第一组数据相对于聚类中心 V_1 的海明贴近度为 0.9442，接近 1，大于其他 3 组。因此，第一组数据属于聚类中心 V_1。同理，第二组数据属于聚类中心 V_2，第三组数据属于聚类中心 V_3，第四组数据属于聚类中心 V_4。

通过海明贴近度的分析，验证了各簇内部的紧密性较好，簇间区分度较为清晰，这使书中所提出的方法在故障诊断中具有较好的性能。

表3-3　4种类型信号的聚类中心

信号类型	聚类中心		
	x 方向坐标值	y 方向坐标值	z 方向坐标值
正常信号（V_1）	0.1427	0.1877	0.4770
滚珠故障信号（V_2）	0.5793	0.8349	0.3453
内圈故障信号（V_3）	0.9385	0.0984	0.3699
外圈故障信号（V_4）	0.7372	0.5023	0.7214

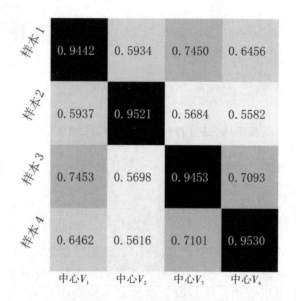

图3-7　每类样本的海明贴近度

3.4.3　故障诊断组合策略对比研究

对原始振动信号进行分解时还可采用 EMD 和改进的集成经验模态分解（multivariate ensemble empirical mode decomposition，MEEMD）这两种方法。为了验证 EEMD 更有效，首先分别用上述两种分解方法对其进行分解，然后进行 GG 聚类分析，并利用分区系数、分类熵和 XB 指数对聚类结果进行评估，结果见表3-4，如图3-8、图3-9所示。

表 3 - 4　不同信号分解方法下的聚类效果对比

信号分解方法	聚类指标		
	PC	*CE*	*XB*
EMD	0.9927	NaN（趋向于 0 的数）	NaN
EEMD	1.0000	NaN	NaN
MEEMD	0.9783	0.0383	2.5300

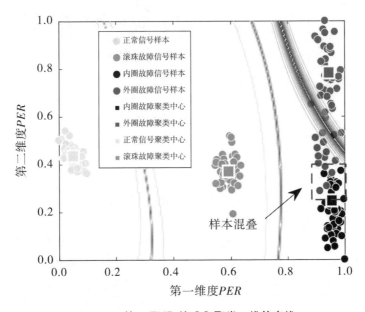

图 3 - 8　基于 EMD 的 GG 聚类二维等高线

　　从图 3 - 6、图 3 - 8 和图 3 - 9 中，可以得出以下结论：①4 种类型信号数据的聚类中心在不同的信号分解方法下有所不同。在聚类空间分布上，基于 EMD 和 MEEMD 两种分解方法的聚类分析出现了不同程度的样本混叠现象。②在聚类致密度方面，使用 EEMD 对信号进行分解所得到的 GG 聚类结果的致密性要优于 EMD 和 MEEMD 的。这一点在聚类的评价指标上也有所体现。表 3 - 4 中显示，基于 EEMD 的聚类分区系数 *PC* 为 1.0000，大于基于 EMD（0.9927）和 MEEMD（0.9783）的聚类指标。基于 EMD 和 EE-MD 的 *CE* 和 *XB* 指数为 NaN，这意味着它们接近于零，而采用 MEEMD 的指数 *CE* 和 *XB* 分别为 0.0383 和 2.5300，大于基于 EMD 和 EEMD 的结果，因此从 *CE* 和 *XB* 这两项指标来看，采用 EEMD 和 EMD 能够得到更好的聚类效

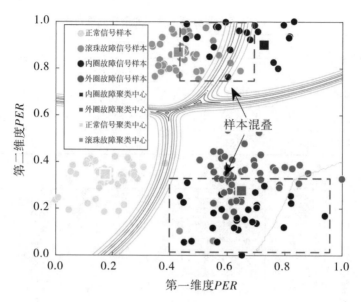

图 3-9 基于 MEEMD 的 GG 聚类二维等高线

果。综合上述 3 个指标可以看出，基于 EEMD 的聚类具有更好的聚类性能。因此，基于 EEMD 的信号分解方法在使用 GG 聚类的故障分析和诊断方面优于 EMD 和 MEEMD。

在对分解后的信息进行特征提取时，有排列熵、样本熵和模糊熵这 3 种常用的熵值特征作为对象。最终选择哪种熵值特征，还需要对 3 种熵值特征进行对比分析。为了方便分析，依然采用控制变量法做对比分析。信号分解采用 EEMD 分级，聚类采用 GG 聚类，对比 3 个熵值特征下的聚类指标和样本空间分布的致密性，判定 3 种熵值特征的优越性。实验过程为：用 EEMD 对 4 组信号进行分解，之后计算样本熵和模糊熵进行聚类分析。结果见表 3-5，如图 3-10、图 3-11 所示。

表 3-5 不同熵值特征下的聚类指标

熵值特征	聚类指标值		
	PC	CE	XB
样本熵（SE）	1.0000	1.4336×10^{-5}	2.4584
排列熵（PE）	1.0000	NaN	NaN
模糊熵（FE）	0.9467	0.0931	2.3381

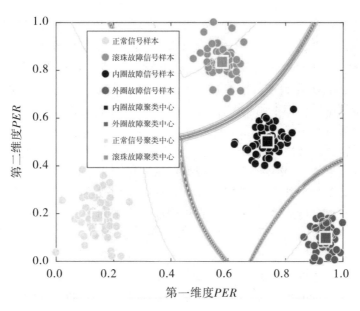

图 3－10　基于模糊熵的 GG 聚类二维等高线

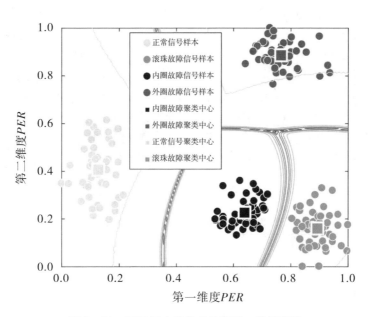

图 3－11　基于样本熵的 GG 聚类二维等高线

从图 3－6、图 3－10 和图 3－11 中，可以得出以下结论：① 4 种类型的数据利用不同的熵值进行聚类分析时样本点的空间分布有较大差异。②从致密的角度来看，基于排列熵的聚类结果的紧密性较好。这在聚类指标中也有所体现，从表3-5可以看出，基于排列熵和样本熵的聚类分区系数 PC 为1.0000，大于模糊熵（0.9467）。排列熵的分类熵 CE 和 XB 指数为 NaN，这意味着它们接近于零。样本熵和模糊熵的分类熵 CE 和 XB 指数为非零，这说明排列熵优于样本熵。因此，综合考虑3个指标可以看出，基于排列熵的聚类分析具有更好的分类效果。

在对特征向量进行聚类分析时，除了采用 GG 聚类对其进行分析，还有与之原理相近的 FCM 聚类和 GK 聚类可供选择。为了得到较优的故障诊断效果，有必要对3种聚类方法进行对比分析。为了方便分析，依然采用控制变量法做对比分析。信号分解采用 EEMD，熵值特征采用排列熵，对比3个不同聚类方法下的聚类指标和样本空间分布的致密性，判定3种聚类方法的优劣。实验过程为：用 EEMD 对4组信号进行分解，计算排列熵后利用另外两种聚类方法进行聚类。结果见表3-6，如图3-10、图3-11所示。

从表3-6可以看出，GG 聚类的分区系数为1.0000，大于 FCM 聚类（0.8434）和 GK 聚类（0.6392）。GG 聚类的分类熵和 XB 指标值均为 NaN，这意味着它们接近于零。FCM 聚类和 GK 聚类的分类熵指标值分别为0.3460和0.6674，大于 GG 聚类。FCM 聚类和 GK 聚类的 XB 指数分别为9.5330和2.8304，大于 GG 聚类。因此，从聚类评估指标上看，GG 聚类有较优聚类性能。从图3-6、图3-12和图3-13可以看出，不同的聚类方法对聚类中心对应的值相近。同时，GG 聚类、FCM 聚类和 GK 聚类的图形特点分布也相似。但从等高线形状可以看出，只有 GG 聚类算法的等高线的形状因具体情况而有所改变，表明 GG 可以更好地反映数据分布的真实情况特点。基于以上分析，可以得出结论，GG 聚类算法的聚类性能优于另外两种聚类算法。

表3-6　不同聚类方法下的聚类指标

聚类方法	聚类指标值		
	PC	CE	XB
FCM	0.8434	0.3460	9.5330
GK	0.6392	0.6674	2.8304
GG	1.0000	NaN	NaN

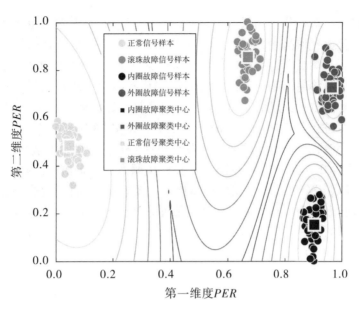

图 3-12　GK 聚类二维等高线

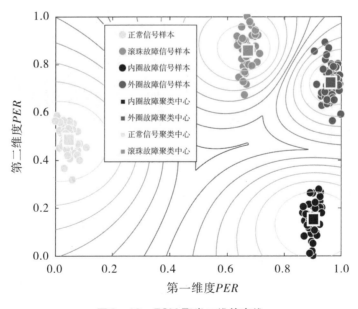

图 3-13　FCM 聚类二维等高线

　　以上已经利用控制变量法，研究了各种不同方法对最终的故障结果的影响，得出了许多有意义的结果与结论，可以为实际工程中的故障诊断问题提供重要参考。根据分析结果，可以在一定程度上推断出先采用 EEMD 对信号进行分解再提取排列熵特征进行 GG 聚类能获得相对较好的故障诊断效果。但这还不能足以证明这种故障诊断路径为较优的故障诊断方案。根据本章提出的故障诊断思路，对故障进行故障诊断时第一步对信号进行分解处理，第二步提取特征熵值，第三步选择聚类算法进行聚类分析。在这个过程中，对信号进行分解时有也有 EMD、EEMD 和 MEEMD 这 3 种经验模态分解的方法。同时，熵值有 3 种类型，为模糊熵、样本熵和排列熵。聚类方法有 FCM 聚类、GK 聚类和 GG 聚类。这样，按照本章所提出的故障诊断思路，总计有 27 种组合方案可以完成故障诊断。要想在 27 种组合当中寻找到较优的故障诊断途径，首先需要计算出每种组合状态下 3 个聚类指标值，然后对指标进行对比分析，找到较优的故障诊断方案。各种组合方案的聚类指标分布如图 3 - 14 所示。

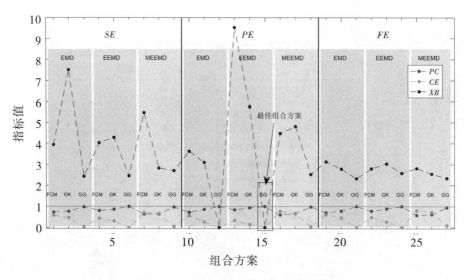

图 3 - 14　各种组合方案的聚类指标分布

从图 3 - 14 可以看出，聚类指标 PC 和 CE 均在 1 以下。除方法 12（PE + EMD + GG）和方法 15（PE + EEMD + GG）外，XB 指数相对较大。聚类指标 PC 指标接近 1，CE 和 XB 指标接近 0，这意味着更好的聚类效果。就 XB 指数而言，方法 12 和方法 15 是较优的。从图 3 - 14 上的 3 条指标曲线来看，可以清楚地看到，符合 PC 接近 1、CE 和 XB 接近 0 这一条件的最佳方法为方法 15（PE + EEMD + GG），其对应的聚类指标值为 PC = 1、CE =

NaN、$XB = $ NaN。这一结果与前文通过控制变量法得到的结果是一致的。这再次证明了上述结论：通过对信号进行 EEMD，求出排列熵特征，并对其进行 GG 聚类，可以得到很好的故障信号分离效果。

　　基于以上数据实验，可以得出结论，本章提出的基于 EEMD、排列熵、GG 聚类的方法有较优的故障诊断效果。然而，在实际工程问题中，特别是在非轴承故障信号的故障诊断中，本章提出的最佳方法不应该被盲目应用，具体的故障诊断方法应该根据实际工程本身的特点来选择。本节分析了各种故障诊断算法对最终故障诊断效果的影响，可依此为参考，具体情况具体分析，选择合适的故障诊断算法。例如，若被诊断的信号噪声较小，且信号相对稳定，则可能更适合先使用 EMD 或 EEMD 对其进行分解，然后提取模糊熵或样本熵，进行 FCM 聚类。相反，如果信号有大量噪声且极其不稳定，MEEMD 可能比 EMD 和 EEMD 有更好的结果。

3.5　噪声干扰下的 EPL-GG 故障诊断效果

　　从前述章节的分析可知，对存在大量噪声的设备进行故障诊断，包络谱分析法和谱峭度法的诊断效果存在较大的局限性。包络谱分析法和谱峭度法难以实现海底钻机系统在强噪声影响下的故障检测和识别。因此，考虑到海底钻机实际的故障诊断需求，本章提出了 EPL-GG 聚类故障诊断方法。

　　考虑到海底钻机的时间序列信号数据与凯斯西储大学数据的相似性，为验证该方法对低信噪比信号的故障诊断效果，依然采用凯斯西储大学的实验数据进行实验。使用损伤直径为 0.014 in、负载功率为 2.2 kW 下的故障数据。由于海底钻机中主要的噪声为白噪声，遂让原始信号分别输入 0 dB 信噪比和 -10 dB 信噪比的白噪声信道，产生两组增加了噪声的数据，对这两组数据先进行 EEMD，求取排列熵后进行 LDA 降维，最后利用 GG 聚类对故障进行分类，得出故障诊断结果。两组数据的故障聚类结果如图 3 - 15 和图 3 - 16 所示，计算的聚类指标和准确度值见表 3 - 7。

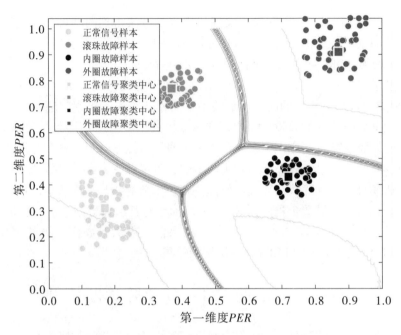

图 3-15　0 dB 信噪比信道下聚类等高线

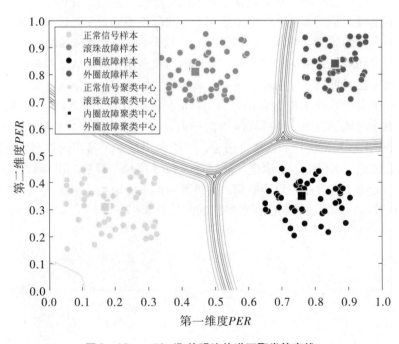

图 3-16　-10 dB 信噪比信道下聚类等高线

表 3 - 7　不同噪声下的 EPL-GG 故障诊断效果对比

不同信噪比信号	准确度（AC）	XB 指数（XB）	分区系数（PC）	分类熵（CE）
原始振动信号	98%	0.216	0.893	0.046
增加 0 dB 信噪比噪声	96%	2.762	0.867	0.086
增加 - 10 dB 信噪比噪声	95%	1.595	0.833	0.102

从聚类等高线可以看出，增加 0 dB 的高斯白噪声后，各故障类型的区分度较好，未发生样本混叠的情况，滚珠故障样本与内圈故障的紧密度较好。将原始信号通过 - 10 dB 信噪比的信道后，各样本的聚类紧密度有所下降，但仍然有较好的故障区分度，比较好地区分出了各个故障类型。

从聚类指标与准确度方面来看，不同程度的噪声下分区系数（PC）差别不大，均保持在 0.86 左右，分类熵（CE）均接近于 0，XB 指数增加噪声后有所增加，但未出现较大的值，说明三种情况下均有较好的聚类效果。同时，可以看到增加不同程度的噪声，故障诊断的准确性有所下降，但均有 95% 以上的准确度，从这一点来看，可以满足海底钻机故障诊断的实际需求。

由此可见，EPL-GG 故障诊断方法可以较好地处理带有噪声的信号数据，有较好的鲁棒性，能克服传统包络谱分析法与谱峭度法对低信噪比信号进行故障诊断存在的局限性。本章提出的 EPL-GG 故障诊断方法在应对低信噪比信号上具有一定的优越性。因此，EPL-GG 故障诊断方法可以应用到具有低信噪比信号的海底钻机中，以完成对其的故障诊断。

3.6　本章小结

本章提出了 EPL-GG 故障诊断方法，对时间序列信号的分解方法、常用的熵值特征和聚类方法的计算方法进行了介绍，并利用控制变量的方式，较详细地分析了每种算法对最终故障诊断结果的影响，证明了该故障诊断方法具有较好的故障分类效果。

故障诊断主要有三大步骤，每个步骤有 3 种可选算法，总计 27 种可行的组合方案。为寻找这 27 种组合方案中较优的故障诊断路径，进行了更进一步的故障诊断数据实验。得出了每种组合方案的聚类指标。结果表明，本章所提出的故障诊断方法优于其他 26 种不同的组合方法。通过比较降维前后数据的故障分类效果得出，通过 LDA 降维可以提高故障诊断的准确性的结论。

为了验证 EPL-GG 故障诊断方法对低信噪比信号的故障诊断效果，对不同信噪比下的故障诊断效果进行了对比分析研究。数据实验表明，在低信噪比下 EPL-GG 方法仍然有较好的故障诊断效果，可以将其运用到海底钻机中，以完成对海底钻机局部部件的故障诊断。

对于聚类故障诊断，本章只选取了 3 个熵值特征。为了提高故障诊断的鲁棒性，提高故障诊断的适应性，需要从信号中提取几十个甚至上百个特征，如何选择这些特征进行聚类分析将在后续章节中作进一步阐述。

第4章 海底探采装备多工况适应性故障诊断方法研究

在第3章中已对适用于时间序列信号的聚类故障诊断方法进行了分析研究。该故障诊断方法主要有三大步骤：信号分解、特征提取、故障信息分类。在三大步骤中，特征提取尤为重要。在第3章中，故障诊断过程只使用了三个熵值特征。随着信号处理技术的迅速发展，越来越多的能表征信号信息的特征被用于状态监测和故障诊断。为适应多种海底作业工况，在进行故障诊断时会尽可能多地提取特征。通过对一个信号的多个特征进行分析研判，可从多个角度发现、甄别异常点，为故障诊断提供多维度的参考信息。多特征也意味着更多计算能力需求，这对故障诊断系统提出了更高的算力要求。如果不改变系统算力水平，就无法获得较好的故障诊断效率。因此，有必要对特征进行选择，只将筛选后的最优特征输入聚类算法中进行故障诊断，以提高故障诊断效率。

本章提出了一种基于卡方检验（chi-squared test）、Variance 与 Relief-F 联合自权重和层次聚类（hierarchical clustering）的特征选择方法（以下简称 CvrH 特征选择方法）。该方法首先从经信号分解后的信号中提取多个时域、频域特征及熵值特征，形成一个高维的特征集；然后利用特征选择技术对这个高维的特征集进行特征选择，选出其中的敏感特征和优质特征；最后将选出的最优特征输入聚类中进行故障信息分类，完成故障诊断。

4.1 时间序列信号多特征提取

在设备运行过程中，如果设备发生故障，来自设备的传感器信号会产生一定的异常，常常体现在信号的幅值和频率上。因此，需要从信号的时频域中找出信号中所包含的故障信息，为设备的故障诊断提供有力的依据。

用于表征信号特点、体现信号中蕴含的信息的常用特征一般为时频域的统计特征。本章主要利用 24 个特征进行故障诊断，其中包含 5 个频域特征、16 个时域特征，见表 4-1，表中 N 表示采样点的数量，$s(k)$ 表示频谱，K 表示谱线数，f_k 表示第 k 条频率值。此外，还包含第 3 章用到的 3 个熵值特征。

　　为更多地从信号中提取特征，验证 CvrH 方法特征选择的效果，在本章实验中保留噪声分量。首先，使用 EEMD 方法对信号进行分解后选取前 9 个本征模态函数分量。然后从每个原始信号及其分量中提取上述 24 个特征。1 个样本信号一般可以获得 9 个本征模态函数分量，这样，从 1 个信号样本中可以获得 240 个能够表征信号特性的特征值，进而形成一个特征向量。该特征向量表征了该样本信号中所蕴藏的信息，多个样本对应多个特征向量，并将其用作故障分类的输入信息。特征提取过程如图 4－1 所示。

表 4－1　21 个时频与频域统计特征

序号	特征名称	计算公式
1	均值	$\overline{X} = \sum_{n=1}^{N} \dfrac{x(n)}{N}$
2	均方根	$X_{rms} = \sqrt{\sum_{n=1}^{N} \dfrac{x^2(n)}{N}}$
3	方根振幅	$X_r = \left[\dfrac{1}{N} \sum_{n=1}^{N} \sqrt{x(n)} \right]^2$
4	平均振幅	$\lvert \overline{X} \rvert = \dfrac{1}{N} \sum_{n=1}^{N} \lvert x(n) \rvert$
5	偏斜度	$\alpha = \dfrac{1}{N} \sum_{n=1}^{N} x^3(n)$
6	峭度	$\beta = \dfrac{1}{N} \sum_{n=1}^{N} x^4(n)$
7	方差	$\sigma^2 = \dfrac{1}{N} \sum_{n=1}^{N} \left[x(n) - \overline{X} \right]^2$
8	最大值	$X_{max} = \max(x(n))$
9	最小值	$X_{min} = \min(x(n))$
10	峰峰值	$X_k = X_{max} - X_{min}$
11	波形指标	$X_{sf} = \dfrac{X_{rms}}{\lvert \overline{X} \rvert}$
12	峰值因子	$X_{cf} = \dfrac{X_{max}}{X_{rms}}$
13	脉冲因子	$X_{if} = \dfrac{X_{max}}{\lvert \overline{X} \rvert}$
14	裕度指标	$X_{clf} = \dfrac{X_{mas}}{X_r}$

续上表

序号	特征名称	计算公式
15	偏斜度	$X_s = \dfrac{\alpha}{(\sqrt{\sigma^2})^3}$
16	峭度指标	$X_{kf} = \dfrac{\beta}{\sigma^2}$
17	中心频率	$F_{cf} = \dfrac{\sum\limits_{k=1}^{K} f_k \cdot s(k)}{\sum\limits_{k=1}^{K} s(k)}$
18	均方频率	$F_{mfs} = \dfrac{\sum\limits_{k=1}^{K} f_k \cdot s(k)}{\sum\limits_{k=1}^{K} s(k)}$
19	均方根频率	$F_{rmfs} = \sqrt{\dfrac{\sum\limits_{k=1}^{K} f_k \cdot s(k)}{\sum\limits_{k=1}^{K} s(k)}}$
20	频率方差	$F_{td} = \dfrac{\sum\limits_{k=1}^{K} (f_k - F_{cf})^2 \cdot s(k)}{\sum\limits_{k=1}^{K} s(k)}$
21	频率标准差	$F_{std} = \sqrt{\dfrac{\sum\limits_{k=1}^{K} (f_k - F_{cf})^2 \cdot s(k)}{\sum\limits_{k=1}^{K} s(k)}}$

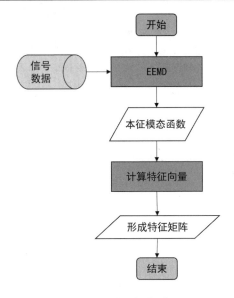

图 4-1　特征提取过程

4.2　CvrH 特征选择流程

为了从时间序列信号中获取到更多的信息以提高故障诊断的准确性，需要对信号分解后提取大量的特征，最终形成高维的特征向量。利用高维的特征向量完成故障诊断势必会增加对计算能力的需求，从而降低故障诊断的效率，同时也会引入更多的无关特征而干扰故障诊断结果，降低故障诊断的准确性。

因此，需要根据特征的重要性对其进行有针对性的筛选，以降低数据的维数，提高信息数据的质量。为了实现这一目标，本章提出 CvrH 特征选择方法。该方法分为三个步骤：第一步利用卡方检验特征选择方法对整体作出评判获得初选特征集；第二步联合使用方差与 Relief-F 权重值筛选出敏感特征，第三步层次聚类去除冗余特征。其流程如图 4-2 所示。具体步骤如下：

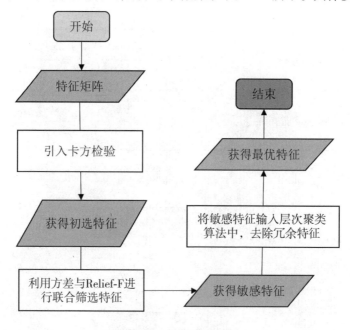

图 4-2　特征选择流程

（1）利用卡方检验算法对特征矩阵中的特征进行分析，选出初选特征集，实现数据的初次清洗。

（2）计算每个特征的方差值和 Relief-F 权重值，并对其进行排序，通过设置阈值对初选特征集进行筛选，实现从初选特征集中筛选出敏感特征。

（3）将敏感特征输入层次聚类中，去除敏感特征中的冗余部分，得到最终的最优特征。

4.2.1　初选特征

初选特征利用卡方检验完成，卡方值的大小表示了特征与类别的区别程度。因此，在进行特征选择时，应首先选择卡方值较高的特征。

对于特征 f，计算特征 f 对类别的卡方值的公式如下：

$$\text{chi}(f,c) = \sum_{i=1}^{n} \frac{(f_{\text{obs}} - f_{\text{exp}})^2}{f_{\text{exp}}} \quad\quad (4-1)$$

式中，f_{obs} 为特征的观察值；f_{exp} 为特征的预期值；n 为样本数；$\text{chi}(f,c)$ 表示特征与类别的相关性。f_{exp} 为期望值，而不是平均值。

对于多类数据，在计算每个类别的特征卡方值后，卡方值的最大值通过下式获得：

$$\text{chi}(f) = \max(\text{chi}(f,c_i)), 1 \leq i \leq p \quad\quad (4-2)$$

式中，p 为类别数。为了消除两个分数之间的巨大差异所造成的相互影响，需要对 $\text{chi}(f)$ 进行规范标准化，公式如下：

$$x^* = \frac{x - \min(X)}{\max(X) - \min(X)} \quad\quad (4-3)$$

在特征选择方法中利用卡方值从大到小进行排序，选择卡方值大的作为优选的特征，并通过设置一定的阈值确定所选特征的数量，利用卡方检验进行特征选择后获得的特征作为初选特征，实现特征的初次清洗。

4.2.2　筛选敏感特征

Relief 表示的是一种相关的权重值，表征了个体与类的关系。计算每个个体的权重值，根据这个值得到所需要的特征。但是 Relief 一般用于处理二分类，无法处理多分类，而 Relief-F 算法很好地解决了多分类这个问题。

对于数据集 D，设特征权重阈值为 T。首先利用 Relief-F 算法抽取一个样本 R，从与 R 属于同一类型的样本集中查找 k 相邻样本，并从与 R 不属于同一类型的样本集中查找 k 相邻样本；然后计算每个特征的特征权重；最后根据权值进行排序，选择合适的特征子集。

采用方差与 Relief-F 联合对特征进行筛选的方案如下：首先计算所有样本中每个初选特征的方差值，然后根据方差值按从大到小的顺序排列所有特征，以获得序列 $V(i)$。同时，使用 Relief-F 算法，计算每个特征的权重值，并按照权重值的大小对特征进行排序以获得序列 $R(i)$。需要设置一个阈值来获得敏感特征的数量，假设该阈值是 T。从序列 $V(i)$ 中提取排序在前 T 的特征组成特征集 A。同理，从序列 $R(i)$ 中提取排序在前 T 的特征组成特征集 B。若某个特征同时在集合 A 和集合 B 中，则将其视为敏感特征，组成敏感特征集 C，以作为进行下一步特征选择的输入。

4.2.3 去除冗余特征

完成上述的特征选择，便获得了敏感特征。但是，在进行敏感特征筛选时采用权重进行筛选，势必存在一些权重值相近的特征同时被选入到敏感特征集中，这样会出现一些冗余特征。为了去除冗余特征，现采用层次聚类去除冗余特征。采用从单个样本个体触发向上完成聚类的层次聚类方法。

设 $\boldsymbol{D} = [D(i,j)]$ 为 $N \times N$ 阶的相似矩阵。$0,1,\cdots,n-1$ 为聚类结果序列，而 $L(m)$ 是第 m 聚类的级数。聚类数用 m 表示，簇类 (r) 和 (s) 的相似系数用 $d[(r),(s)]$ 表示。

(1) 令 $L(0) = 0$，$m = 0$。

(2) 从所有簇组中利用 $d[(r),(s)] = \min(d[(i),(j)])$ 寻找距离最近的两个簇。

(3) 簇序号加 1，并且合并找到的距离最近的两个簇 (r) 和 (s)，令 $L(m) = d[(r),(s)]$。

(4) 通过删除簇 $((r),(s))$ 更新矩阵 $\boldsymbol{D} = [D(i,j)]$，然后再加上相应的行与列，最新的簇 (r,s) 和原来簇 (k) 的相似度的定义为 $d[(k),(r,s)] = \min(d[(k),(r)],d[(k),(s)])$。

(5) 重复步骤 (2) 到步骤 (4)，直到将所有簇聚成一类。

通过层次聚类，将一些权重值相近的特征聚成一类，取其聚类中心或者最靠近聚类中心的一个特征作为其代表性特征，形成一个最优特征，与其他最优特征组成最优特征集。

4.3 CvrH 特征选择原理

设 $X = \{x(i) \mid i = 1,2,\cdots,N\}$ 为采集到的 N 个样本。对每个样本 $x(i)$ 进行 EEMD，可得

$$x_i(t) = \sum_{i=1}^{n} \overline{IMF_i} + \bar{r} \tag{4-4}$$

剔除噪声分量后，得到样本 $x(i)$ 对应本征模态函数分量向量，为

$$\mathbf{IMF} = \left[IMF(1), IMF(2), \cdots, IMF(l) \right] \tag{4-5}$$

对每个分量进行 24 个特征类型的提取，可获得 $l \times 24$ 个特征，记 $H = l \times 24$，则可形成 $N \times H$ 维的特征矩阵：

$$\mathbf{F} = \begin{bmatrix} f_{1,1} & f_{2,1} & \cdots & f_{n,1} \\ f_{1,2} & f_{2,2} & \cdots & f_{n,2} \\ \vdots & \vdots & & \vdots \\ f_{i,j} & f_{i,j} & \cdots & f_{i,j} \\ \vdots & \vdots & & \vdots \\ f_{1,H} & f_{2,H} & \cdots & f_{1,H} \end{bmatrix} \tag{4-6}$$

对特征矩阵中的特征进行 CvrH 特征选择的步骤如下：

（1）设初选特征数量为 f_{sp1}，计算第一个特征向量 $[f_{1,1}, f_{2,1}, \cdots, f_{n,1}]$ 的归一化后的卡方值 $\mathrm{chi}(f)$，以此类推，计算第二个特征的卡方值，直至第 H 个特征向量的卡方值，并对其按从大到小进行排序，得到最大的 f_{sp1} 个卡方值组成卡方值向量：

$$\mathbf{chi}(f) = \left[\mathrm{chi}_1(f), \mathrm{chi}_2(f), \cdots, \mathrm{chi}_{fsp_1}(f) \right] \tag{4-7}$$

式中，$\mathrm{chi}_1(f) \geqslant \mathrm{chi}_2(f) \geqslant \cdots \geqslant \mathrm{chi}_f sp_1(f)$。提取出其对应的特征形成初选特征：

$$\mathbf{F}_1 = \left\{ F_1(i) \mid i = 1, 2, \cdots, f_{sp1} \right\} \tag{4-8}$$

（2）敏感特征数量设置为 f_{sp2}，计算每个初选特征的方差，并按从大到小的顺序进行排序，形成方差值向量：

$$\mathbf{V} = \left[V(1), V(2), \cdots, V(f_{sp2}), \cdots, V(f_{sp1}) \right] \tag{4-9}$$

式中，$V(1) \geqslant V(2) \geqslant \cdots \geqslant V(f_{sp1})$。计算每个初选特征的 Relief-F 权重值，并按从大到小的顺序进行排序，形成权重值向量：

$$\mathbf{R} = \left[R(1), R(2), \cdots, R(f_{sp2}), \cdots, R(f_{sp1}) \right] \tag{4-10}$$

式中，$R(1) \geqslant R(2) \geqslant \cdots \geqslant R(f_{sp1})$。选出方差值向量 $[V(1), V(2), \cdots, V(f_{sp2})$ 和 $[V(1), V(2), \cdots, V(f_{sp2})]$ 所对应的特征组成集合 A，选出 Relief-F 权重值向量 $[R(1), R(2), \cdots, R(f_{sp2})]$ 所对应的特征组成集合 B。若某个特征同时在集合 A 和集合 B 中，则将该特征放入集合 C，C 集合即为敏感特征：

$$\mathbf{F}_2 = \left\{ F_2(i) \mid i = 1, 2, \cdots, f_{sp2} \right\} \tag{4-11}$$

（3）设置最优特征数量为 f_{sp3}，利用层次聚类去除敏感特征。利用 $d[(r),(s)] = \min(d[(i),(j)])$ 寻找距离最近的两个簇并将其合并，簇数加 1，更新相似矩阵 $\boldsymbol{D} = [D(i,j)]$，直到将所有的簇聚成 f_{sp3} 簇。取每簇的聚类中心或者其中的一个特征作为一个新的特征。由这 f_{sp3} 个新的特征组成最优特征：

$$\boldsymbol{F}_3 = \{F_3(i) \mid i = 1,2,\cdots,f_{sp3}\} \qquad (4-12)$$

完成特征选择后，基于最优特征对样本点进行降维和聚类分析，得出故障诊断结果。在整个特征选择过程中需要设置 3 个重要的参数：初选特征个数 f_{sp1}，敏感特征个数 f_{sp2} 和最优特征个数 f_{sp3}。对于不同的故障诊断对象、不同的工况，其各个步骤所应设置的特征个数一般是不同的。在具体的工程实际中，在进行故障诊断前可以采集一定量的数据样本进行实验，对比不同特征参数下的故障诊断效果，以确定该故障诊断过程中最优的特征参数。

从整个特征选择过程来看，在特征选择的每一步均未指定特定的特征类型，而是通过设置特征的个数完成特征的选择。对于不同的故障诊断对象、不同的工况，最终得到的最优特征类型是不一样的。CvrH 特征选择方法能根据不同的对象与工况选出适应该对象、该工况的最优特征，从而提高故障诊断的效果。

4.4 CvrH 特征选择实验研究

由于从海底钻机中采集到的时间序列信号数据与凯斯西储大学的轴承数据在信号特点上有一定的相似性，为了验证所提出方法的有效性，依然选取凯斯西储大学（https://engineering.case.edu）的轴承振动时间序列数据进行数据实验。实验中使用的轴承由 SKF 公司制造，电机负载功率为 1.47 kW，故障点直径为 0.1778 mm。振动信号实验数据的失效类型可分为三类：外圈故障、滚珠故障和内圈故障。此外，以一组正常信号作为实验对照。时间序列采集卡的采集频率为 12 kHz。相应的实验过程如图 4-3 所示。

数据中心提供的信号为时域信号，以每 2048 个数据点为一个完整样本，连续截取 50 个这样的样本。从 4 个故障信号中总计可以获得 200 个样本。同时对原始信号进行傅里叶变换，获得原始信号的频谱如图 4-4 所示。在对信号进行特征提取前，为了获得更多信号中所蕴藏的信息，对时间序列进行 EEMD，获得了一系列的本征模态函数分量。为了获得更多的特征，验证特征选择方法的有效性，不再剔除包含噪声的分量，而是直接取前 9 个分量作为研究对象。然后，对分量和原始信号进行特征提取。从每个分量和原始

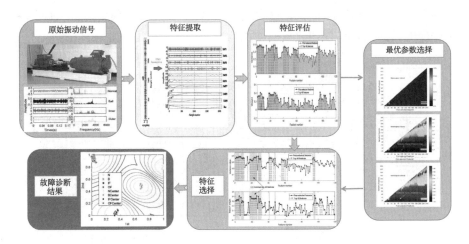

图 4 -3　基于 CvrH 的聚类故障诊断实验流程

信号中提取如表 4 - 1 所示的 21 个频域和时域特征，以及另外的 3 个熵特征。这样，对于每个样本获得一个 240 维的特征向量，完成了信号的特征提取。

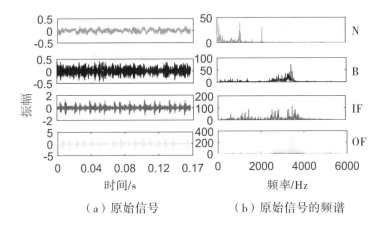

（a）原始信号　　　（b）原始信号的频谱

图 4 -4　原始信号及其频谱

接下来，进行特征选择。经过以上特征提取，每个样本会有多达 240 个特征与之对应。在某些故障诊断的场合，可能需要同时计算百万个或者千万个样本，每个样本多达 240 个特征将可能导致数据灾难，严重制约了计算效率。因此，需要对获得的 240 个特征进行特征选择，只选出其中几个能代表

该样本的特征进行故障诊断，这个最终的特征集称为最优特征集。针对240
个特征的特征选择过程如图4－5所示。

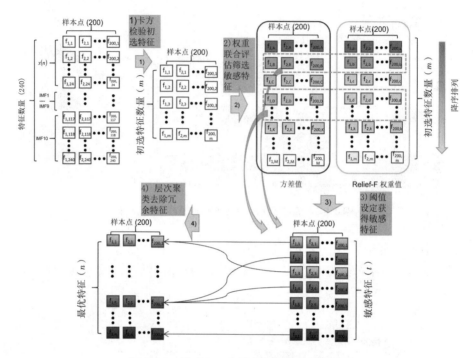

图4－5　针对240个特征的特征选择过程

从图4－5可以看出，整个特征选择过程包括3个部分：基于卡方检验
完成特征初选，通过权重联合评估筛选敏感特征，利用层次聚类去除冗余特
征。原始数据$[f_{1,1}, \cdots, f_{200,240}]$有200个样本，每个样本有240个特征。
第一步，使用卡方检验从这240个特征中选出m个初选特征$[f_{1,1}, \cdots,$
$f_{200,m}]$，以完成第一个特征的筛选。在这一步中需要设置一个参数——初选
特征的个数。这个参数的设置与后面阈值的设定将在4.5节中做进一步的阐
述。这里，暂时将初选特征个数设置为120。接下来，对这120个初选特征
做进一步的筛选，使用方差和Relief-F技术对初选特征进行联合评估。

使用方差和Relief-F技术进行特征选择时，在进行权重值计算之前需要
设定一个阈值，以确定权重值排在前多少位的特征将被标记出。这里，将阈
值设定为40。特征选择分两步进行。首先，计算120个初选特征的Relief-F
权重并排序，标记出排在前面的40个特征形成特征集B，如图4－6所示。
同时，计算这120个初选特征的方差值，将它们按从大到小进行排序，并标

记出方差值最大前 40 个特征形成特征集 A，如图 4 – 7 所示。然后，取特征集 A 与特征集 B 的交集形成特征集 C，如图 4 – 8 所示，特征集 C 即为敏感特征集。显然，敏感特征集中特征的数量将会小于等于阈值 40。最后，利用层次聚类去除相似的多余特征，以获得 n 个最优特征 $[f_{1,1}, \cdots, f_{200,n}]$，完成特征选择。

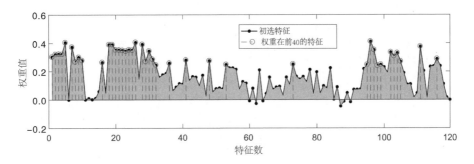

图 4 – 6　基于 Relief-F 权重评估的特征标记

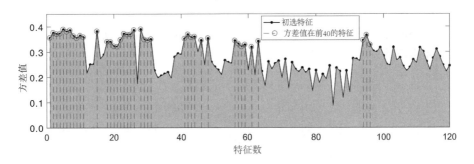

图 4 – 7　基于方差评估的特征标记

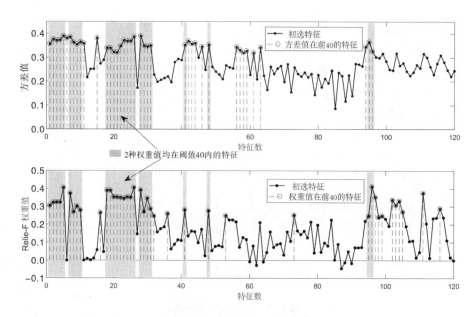

图4-8 敏感特征集的获取

获得最优特征后，将最优特征输入 FCM 聚类中进行故障分类分析，得到故障诊断结果如图4-9所示。

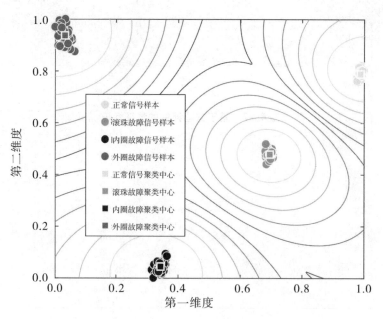

图4-9 基于特征选择技术的轴承故障 FCM 聚类结果

4.5　CvrH 方法中最优特征参数的选择

4.5.1　最优参数对比研究

在 4.4 节中，将初选特征数设置为 120，将敏感特征的选择阈值设置为 40，这是根据具体故障诊断对象在现有实践经验的基础上设置的参数值。为了保证所设定的参数为最优，要求工程师有较丰富的故障诊断知识和故障诊断实践经验，这会导致降低故障诊断方法的使用与推广。为了提高故障诊断方法的实操性与适应性，在应用本章所提出的故障诊断方法进行故障诊断前，可以从故障诊断对象上截取一部分信息，按照本章所提出的故障诊断方法对其进行故障诊断，计算出每种参数下的聚类效果。将最佳故障诊断效果对应的参数作为最优参数，用于完成实际需要的故障诊断任务。评判故障诊断效果可以使用第 3 章所使用的聚类指标，这里选取分区系数和分类熵作为聚类效果评判指标。此外，还增加了一个故障诊断准确度指标。

这里，将第 4.4 节所用的数据看作实际故障诊断之前所获取的部分实验数据，利用该数据完成故障诊断，说明特征参数的选择流程与方法。特征参数的选择过程为：首先，设置初选特征数为 1、敏感特征数为 1 时，按照本章所提出的故障诊断方法进行故障诊断，计算出最后聚类结果的聚类指标与准确度。然后设置初选特征数为 2、敏感特征数为 1，计算出最后聚类结果的聚类指标与准确度。以此类推，一直计算到初选特征数为 240、敏感特征数为 1 时的聚类指标与准确度。完成第一轮的指标与准确度的获取，得到 240 个分类系数值、240 个分类熵值和 240 个准确度值。增加敏感特征的个数，将敏感特征数设置为 2、初选特征数设置为 2 时，获得聚类指标与准确度。然后，设置初选特征数为 3、敏感特征数为 2 时，计算出最后聚类结果的聚类指标与准确度，直到初选特征数为 240、敏感特征数为 2 时的聚类指标与准确度。按照以上步骤以此类推，直到计算出初选特征数为 240、敏感特征数为 240 时的聚类指标与准确度。

将计算得到的所有分区系数值可视化到二维空间，可以得到如图 4-10 所示的分区系数分布热图。同理，可以得到分类熵分布热图，如图 4-11 所示，也可以得到故障诊断准确度分布热图，如图 4-12 所示。

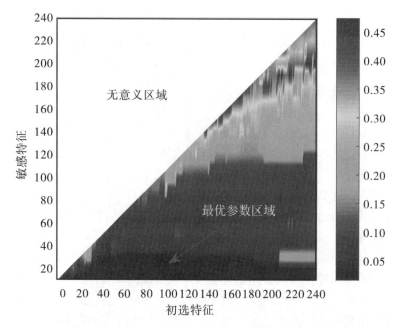

图 4-10　分区系数分布热图

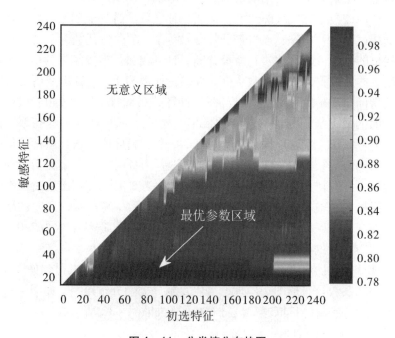

图 4-11　分类熵分布热图

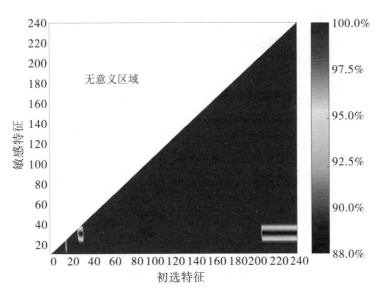

图 4 - 12　故障诊断准确度分布热图

从上述指标热图可以看出各指标值大小的分布情况。从第 3 章可知，当分区系数值越接近于 1、分类熵越接近于 0 时，分类效果越好，意味着故障诊断效果越好。从 3 张热图可以看出，当初选特征数为 30 ～ 180、敏感特征数为 10 ～ 40 时，聚类效果和故障诊断准确度最佳。从计算出的指标值数据库中寻找最佳结果发现，当初选特征数设置为 30、敏感特征数设置为 11 时，可以得到最佳聚类指标与准确度。相应的划分系数（PC）为 0.999、分类熵（CE）为 0.0015 时，准确率接近于 100%。因此，对此类轴承进行故障诊断时，可以将初选特征数设置在 30 左右、敏感特征设置在 11 个左右最佳。对其他不同故障诊断对象进行故障诊断时，可以依此方法寻找最佳参数，以此替代根据人为经验设置参数的方法。

4.5.2　最优方案对比研究

为了进一步论证所提方法的有效性，需要做进一步的对比研究。依然以本章所使用的数据对各个故障诊断策略进行比较研究。设置的对比实验如下：第一组，不使用任何的特征选择方法，直接使用模糊 C - 均值（FCM）聚类算法对所有特征进行故障诊断；第二组，仅使用方差值来选择敏感特征，然后进行故障诊断；第三组，仅使用 Relief-F 算法选择敏感特征，然后进行故障诊断；第四组，利用本章所提的方法对特征进行选择，但最后的故障分类方法采用 GG 聚类算法；第五组同第四组，但聚类采用 FCM 聚类。各种方法的故障诊断结果见表 4 − 2。

表 4 − 2　不同故障诊断方法结果对比

特征选择方法	故障聚类算法	准确度 (AC) /%	分区系数 (PC)	分类熵 (CE)
不进行特征选择	FCM 聚类	92	0.825	0.262
方差	FCM 聚类	97	0.856	0.092
Relief-F	FCM 聚类	96	0.833	0.102
方差 + Relief-F	GG 聚类	98	0.901	0.025
方差 + Relief-F	FCM 聚类	99	0.998	0.018

从表 4 − 2 可以看出，所有方法的轴承故障诊断准确率均达到 90% 以上，表明聚类分析对轴承进行故障诊断是可行和有效的。同时，通过对比分析可以看出，应用特征选择方法，采用 FCM 聚类和 GG 聚类的准确率均较高。这也说明在利用第 3 章的方法进行故障诊断时，应当根据具体工况特点对其中的一些策略进行调整。在后续的相关故障诊断方法理论研究中依然用 GG 聚类进行阐述。

以上使用的轴承数据是在相同损伤程度上采集的各类故障信息。为了证明本章所提出的特征选择技术有较好的适应性，接下来对不同损伤类型的轴承数据做类似的对比实验。仍然按照以上五组故障诊断方法进行故障诊断。最终实验结果见表 4 − 3。从表 4 − 3 可以看出，对于不同损伤程度的轴承，在使用了本章所提出的特征选择方法后，不论是 GG 聚类还是 FCM 聚类，均可获得良好的故障诊断结果。

表 4 − 3　针对不同损伤程度的不同故障诊断方法的结果对比

特征选择方法	故障聚类算法	准确度 (AC) /%	分区系数 (PC)	分类熵 (CE)
不进行特征选择	FCM 聚类	91	0.785	0.276
方差	FCM 聚类	97	0.867	0.106
Relief-F	FCM 聚类	95	0.833	0.112

续上表

特征选择方法	故障聚类算法	准确度 （AC）/%	分区系数 （PC）	分类熵 （CE）
方差 + Relief-F	GG 聚类	98	0.899	0.036
方差 + Relief-F	FCM 聚类	99	0.918	0.026

4.5.3　CvrH 方法对不同工况的自适应性

从前文的数据实验结果不难看出，先对原始信号进行 EEMD，然后进行特征提取和筛选，可以获得较好的故障诊断效果。表 4 – 1 中的特征是一些常见的特征，进行故障诊断时不直接将所有这些特征输入聚类进行故障诊断，而是对这些特征进行选择，选出最优特征后再进行聚类分析。使用 CvrH 特征选择方法对特征进行选择后，不同工况下的故障诊断对象有其相适应的最优特征，敏感特征与最优特征的数量也会因故障诊断对象的不同而有所区别。造成这种情况的原因是，CvrH 特征选择方法能够根据不同的故障诊断对象自适应地选择相应敏感特征及最优特征的类型和数量。当敏感特征和最优特征的数量参数设定后，其选出的敏感特征与最优特征数会小于等于该参数值，其中包含的特征类型将基于特征的价值与重要程度进行选择。

为验证 CvrH 方法所选择的最优特征对不同工况具有自适应性，依然用轴承数据进行实验，取负载功率为 0.735 kW、采样频率为 12 kHz 下的 3 种工况数据：0.014 mm 损伤直径下的内圈故障数据、0.014 mm 损伤直径下的外圈故障数和 0.028 mm 损伤直径下的内圈故障数据。初选特征参数设置为 120，敏感特征参数设置为 25，最优特征参数设置为 6。3 种工况数据利用 CvrH 方法获得的最优特征如表 4 – 4 所示。

表 4 – 4　不同工况下 CvrH 方法获得的敏感特征

工况	最优特征					
0.014 mm 内圈故障	峰峰值	偏斜度	中心频率	均方根频率	均方根	峰值因子
0.014 mm 外圈故障	最小值	波形指标	峭度	均方根频率	方根振幅	偏斜度
0.028 mm 内圈故障	裕度值	中心频率	峰值因子	频率方差	均方根	波形指标

从表 4 – 4 中可以看出，不同工况下所选择的特征是不同的，说明 CvrH 方法依据不同工况特点自适应地选择出了其相应的最优特征。3 种工况下获得的 GG 聚类效果见表 4 – 5。

表 4 – 5　不同工况下基于 CvrH 方法的 GG 聚类故障诊断结果

工况	准确度（AC）/%	分区系数（PC）	分类熵（CE）
0.014 mm 内圈故障	96	0.872	0.125
0.014 mm 外圈故障	97	0.917	0.096
0.028 mm 内圈故障	96	0.886	0.165

为更进一步说明在特定工况下 CvrH 方法选择出的特征为最优特征，对 0.014 mm 外圈故障和 0.028 mm 内圈故障两种工况数据采用 0.014 mm 内圈故障工况下的最优特征，最终得出的聚类故障诊断结果如表 4 – 6 所示。从表 4 – 6 中可以看出，0.014 mm 外圈故障和 0.028 mm 内圈故障两种工况在使用 0.014 mm 内圈故障工况下的最优特征后，故障诊断效果均有不同程度的下降。这说明 CvrH 方法可以根据不同的工况特点自适应地选择与工况特点相对应的特征，从而可以获得较好的故障诊断效果。

表 4 – 6　3 种工况下使用同一组最优特征的 GG 聚类故障诊断结果

工况	准确度（AC）/%	分区系数（PC）	分类熵（CE）
0.014 mm 内圈故障	96	0.872	0.125
0.014 mm 外圈故障	92	0.732	0.266
0.028 mm 内圈故障	95	0.826	0.565

从整个特征选择的全过程可以看出，CvrH 特征选择技术可以提高故障诊断的准确性、实时性和鲁棒性。从表 4 – 2 和表 4 – 3 可以看出，采用了 CvrH 特征选择之后，故障诊断方法的准确率均维持在了 98% 以上，可以在一定程度上说明增加特征选择技术后提高了聚类故障诊断的准确性。另外，从表 4 – 2、表 4 – 3 可以看出，在使用了 CvrH 特征选择技术后，不管使用哪种聚类方法都有较好的故障诊断效果，说明该方法具有较好的鲁棒性。CvrH 特征选择方法是通过设置阈值实现特征的选择，将该特征选择技术应用到实际工程中时，最优特征、敏感特征、初选特征的属性与数量是实时变

动的，体现了该方法的实时性。

在实验过程中，特征参数的设置对故障诊断结果有较大的影响。通过预先设置特征参数，可以获得更好的诊断效果。因此，在工程实践中，提前提取一定量的时间序列信息，以获得设备或部件故障诊断所需的一组特征参数值是非常有必要的。

4.6   本章小结

本章主要介绍了一种变工况下的特征选择方法——CvrH 特征选择方法，基于该方法对信号进行 EEMD 以从原始信号中尽可能多地获得有价值的信息，之后再进行特征的筛选。该方法应用卡方检验算法实现对特征的初步选择，然后利用方差和 Relief-F 分析获取敏感特征，最后利用层次聚类去除冗余特征，得到最优特征。

通过实验对比研究可以看到，在选择敏感特征时，结合使用方差和 Relief-F 两种方法比单独使用其中一种方法能更有效地完成故障诊断。在本章实验中可以看到，FCM 聚类是优于 GG 聚类的，但二者的效果已经十分相近，在实际应用时可以依据具体工况选择聚类方法。在后续章节中建立故障诊断系统时统一采用 GG 聚类作为时间序列信号的故障分类方法。

第5章 全局故障诊断系统（CA-FDES）关键技术研究

在前述章节中提出了一种基于聚类的故障诊断方法，以解决深海探采装备系统中基于时间序列信号的故障诊断问题，并对其中的特征选择问题做了更进一步的研究，以提高故障的诊断效率与准确性。

本章将基于 Agent 与专家系统思想，为每个子系统构建一个故障专家 Agent，聚类故障诊断将作为一个独立的故障诊断模块嵌入该故障专家 Agent 中，用于处理子系统中基于时间序列信号的故障诊断。

为完成对深海探采装备的全局故障诊断，本章将利用全局"黑板"思想将每个子系统的故障专家 Agent 联立成一个整体，建立一个既能解决局部问题又能解决全局故障诊断问题的全局性质的故障诊断系统——基于聚类与智能代理的故障诊断专家系统（fault diagnosis expert system based on clustering and agent，CA-FDES）。

5.1 子系统故障专家 Agent

5.1.1 专家系统的定义与组成

在第1章中已经对专家系统的定义进行了阐述。专家系统是一个计算机程序系统，这个系统是以大量的相关领域的专门知识及工程经验为基础建立的，利用计算机代替人类完成推理和判断以解决一些人类专家难以解决或者无法解决的问题。专家系统主要有以下4个明显的特性：①专家系统具有透明性和启发性。②能够解决单个人类专家或者多个人类专家都无法解决的问题。③是一种模拟人类解决具体问题的计算机程序。④在解决问题时能避免受空间、时间与环境的影响。

专家系统有3种常见的构成结构：一般结构、黑板结构和分布式结构。本章构建的专家系统涉及一般结构与黑板结构。

5.1.1.1 一般结构

一般结构类型的专家系统包括知识数据模块、推理机、人机界面和解释模块。一般结构的构成框图如图 5-1 所示。

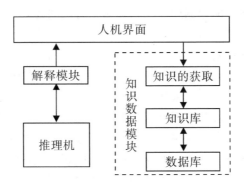

图 5-1　一般结构的专家系统构成

（1）知识数据模块。知识数据模块包含知识库、知识的获取和数据库。知识库是用于存放知识的单元，知识是相关领域专家的理论知识和工程经验的综合。知识库是专家系统的核心部分，直接关系到专家系统功能与性能的好坏。

知识的获取与表示是将领域专业理论知识与工程经验转化为计算机程序语言能使用的可编译的知识。知识的获取有多种方式，常见的有传授式、机械式和反馈式。随着人工智能大数据技术的发展，利用机器学习获取知识的方式越来越受到重视。基于机器学习的知识获取方式已经成为人工智能研究的热点，可以有效地解决专家系统知识获取的"瓶颈"问题。机器学习的知识获取流程如图 5-2 所示。

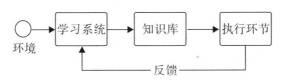

图 5-2　基于机器学习的知识获取流程

产生式规则可以用来表示说明性质的知识，也可以用来表示过程性质的知识。因此，一般情况下基于机器学习的知识获取方式获得的结果都用产生式规则来表示。图 5-2 中，环境代表从实际工程中接收到的各种信息，如传感器信息；学习系统的核心是一些机器学习算法，用于对知识进行分类、归纳与加工等，然后将处理后的知识存储在知识库中；执行环节主要完成一些指定的任务，然后将任务的执行结果反馈给学习系统。如此反复以完成知识的获取。

知识数据模块中的数据库是用来存储在解决问题时需要的数据、证据及中间信息的单元。

常见的专家知识表示包括：①产生式规则表示法，是前述中机器学习获取知识的常用表示法，形式为 IF - AND - THEN。该方法便于规则的修改与维护，其表示形式也容易被人接受与理解，具有较好的模块性。不足之处在于推理的效率不高且规模一般比较庞大，过于依赖专家经验。②语义网络表示法。语义网络由节点和带标识的有向弧组成，是知识的一种有向图表示方法，其优点是表达自然、直观而易于理解。但其缺点是将事物之间的联系描述得过于简单，并且对其的管理与维护也相对较困难。③框架表示法。相对于语义网络使用图表示知识，框架结构是用结构化知识表示，用具有框架名和框架属性的槽构成框架的基本单元。其优点是具有较好的模块性，便于知识库的修改与维护，同时层次化的存储形式也易于理解，可以反映过程性知识等。其不足之处是框架结构一般理论体系不完备，多重继承导致容易出现多义性。④模糊知识表示法。该方法有两种表示形式：一种是在产生式表示加入可信度值，在结论加入真值；另一种是加入隶属关系度，建立模糊关系矩阵。其优点是可以增强系统的鲁棒性，但构建起来相较产生式规则难度有明显增加。

（2）推理机。专家系统的目的是解决实际问题，需要选择性地利用大量领域知识处理实际过程中的一系列问题的能力，这个利用知识处理问题的过程就是专家系统推理机推理的过程。推理机包含推理策略与推理方式，其相应的作用是将知识运用于选择问题。推理包含正向推理、反向推理和混合推理。正向推理从已知数据出发推出结论，以数据条件为基础，又称为数据驱动型的推理。反向推理与正向推理正好相反，它是从目标出发，以目标为目标寻找有用证据的推理方法。同时使用以上 2 种推理方式称为混合推理。推理搜索策略用来选择匹配对象，推理过程就是一个匹配的过程。

（3）人机界面。人机界面和用户接口是专家系统与用户进行信息交互的窗口，能直观地反映专家系统的总体构成，直接关系到用户体验。良好的人机界面和用户接口能让用户更好地完成相关的故障诊断工作，总的来说也非常重要。

（4）解释模块。专家系统利用专家知识进行推理，解释模块的主要作用是对已经求得的结果进行解释，找出原因，回答"为什么"和"为什么不"的问题。专家系统有较强大的解释功能。

5.1.1.2　黑板结构

当需要解决的问题中涉及的内容多且问题复杂时，需要将知识问题模块化，从而形成多个子系统，每个子系统分属不同的问题，各个子系统通过合作的方式来解决问题。在合作解决问题时需要各个子系统建立一个公共区域来分享交换数据。用来进行信息交换的结构化的公共数据区域通常称为黑板。

（1）黑板结构。黑板结构主要由知识源、黑板及黑板监控调度程序组成，如图 5-3 所示。知识源类似于专家系统中的知识库，用来存储各类知识，各个知识源之间保持相对独立且不互相干扰，各自解决特定的问题。黑板属于全局公共工作区域，用来存储数据和为知识源提供信息进行求解。控制结构类似于专家系统中的推理机，属于问题求解的推理结构，贯穿于知识源进行求解的各个阶段，其类似于推理机也有 3 种推理方式：正向推理、反向推理及混合推理。黑板结构是将问题进行分解，其本身还是属于产生式系统。由于黑板结构能将复杂的大问题转换成多个任务，因此其适用于求解大型复杂的问题。

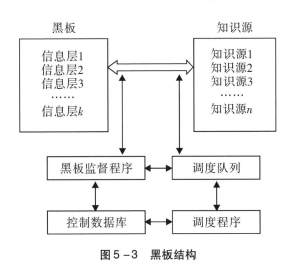

图 5-3　黑板结构

（2）黑板工作原理。黑板模型结构模拟一组人类专家面对同一个问题进行磋商，首先提出各自的看法和解决方案，然后将自己的看法列出来写在黑板上分享给大家，最后形成一个统一意见来共同应对这一问题，最终解决问题。

根据这一思想，把需要求解的问题根据知识源的不同进行分解，每个知识源可以对应一个具体任务，同时一个任务可以对应多个知识源。首先可以将每个任务要解决的具体任务看成其中的一个专家，然后利用黑板结构实现多个专家的联合形成一个专家系统。黑板结构的问题分解模型如图 5 – 4 所示。

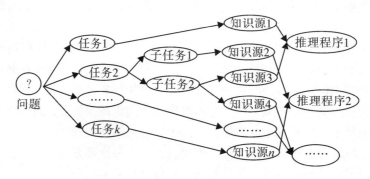

图 5 – 4　黑板结构的问题分解模型

深海机器人的故障诊断需要多项现场数据融合进行综合分析才能得出正确的故障评估。通过多源数据融合共同解决同一个问题比较有效的途径之一是利用黑板模型。因此，要解决深海机器人这样一个融合机械、液压、电控为一体的复杂系统，采用黑板模型更可能获得满意的结果。

5.1.2　专家系统的开发流程

专家系统的开发一般需要采用边设计、边验证、边完善的方式。一方面，需要建立的专家系统一般系统本身复杂，初次获得的知识及其推理方法很可能难以满足该领域解决实际问题的需要，难以一次性完成对知识库与推理机的构建。另一方面，专家系统的构建需要该领域的知名专家、知识工程师、软件工程师、客户需求使用方等多方的协调与沟通，参与人员的复杂性决定了专家系统的构建不能一蹴而就。

因此，开发专家系统时在以自顶向下的顺序进行设计的基础上，还需要经常性地反复验证与完善。总体上，专家系统的开发包含两大部分：专家系统原型机的开发与专家系统元件系统的设计。完成第一大部分后，在进行第二大部分的设计时还需要不断地反馈与验证第一部分的内容，以便不断地完善原型机的设计，最终形成完备的专家系统。在第二部分的软件方案设计与详细设计阶段宜选用面向对象技术完成软件设计，以增强各个模块之间的独立性、内聚性和可重用性，方便后续的开发改进。专家系统的开发流程如图 5 - 5 所示。

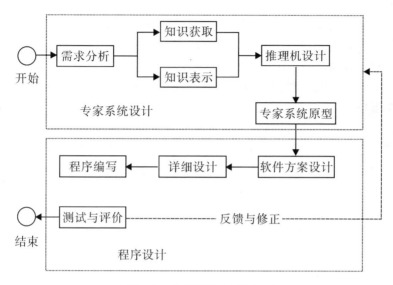

图 5 - 5　专家系统的开发流程

（1）需求分析。针对分析对象的具体特点、功能目标，在该领域多名知名专家、知识工程师、软件工程师、用户等多方的协调和沟通下，列出项目需求，进而确定软件需求。在此阶段可以设定一些比较具体的细节问题，如用户界面的构成等。该阶段是进行后续所有工作的基础，直接关系到专家系统构建的成败，也是专家系统开发中比较艰难的一步。

（2）知识获取。在完成功能需求分析的基础上获取领域专家、工程师的理论知识与工程经验，完成专家系统知识的获取。知识所具有的一些特性决定了在知识获取阶段需要反复地进行，并不断地完善，以保证知识的准确性与完备性。专家知识获取的质量决定了专家系统所具备的功能。

（3）知识表示。对已获得的知识通过各种表示方法对其进行表示。较多类型的知识需要多种不同的表示方法，因此一般知识的表示是多种表示方法的集成。

（4）推理机设计。根据获得的知识及知识之间的逻辑关系设计推理机。根据所涉及的领域知识的特点和其表示方法确定推理机的推理方式与实现方式。

（5）专家原型系统开发。在该阶段，需要选取一个典型的专家系统针对所涉及的项目开发出一个原型系统，以直接获取到专家系统的原貌。这样可以让领域专家工程师与用户获得一个总体印象，方便各方的协调与沟通，以更好地完善系统。在此阶段，可以验证表示的知识的完备性与准确性，判定推理的活力型，对于不合理的部分可以进行反复修改与改进。

（6）软件方案设计。根据系统需求设计出软件总体构架，划分各个模块的功能，并确定各个模块的相互关系。

（7）详细设计。根据总体方案详细设计出每个模块的具体方案，包括知识的获取与表示方式、推理机的推理方式。

（8）程序编写。在编译平台上按照详细设计完成程序的编写。

（9）测试与评价。进行软件调试，测试各个模块的性能与目标的实现情况。同时，统计出未实现的功能，返回至专家系统的原型系统进行修正，逐个完善。

5.1.3　面向对象技术

在面向对象技术中引入了客观世界中"对象"的概念，设计软件时更贴近人们日常所面对的现实世界的事物，这有助于更为直观地用计算机语言表示具体事物，使软件的求解问题尽可能地接近现实问题的空间，或者可以用计算机语言直接模拟现实事物。

客观世界中的对象通常包含2种基本特性：静态属性和动态行为。面向对象中的对象包含数据及对数据如何操作的功能，如包含过程性程序语言的数字、数组、字符串、函数、指令和子例程等。面向对象技术与过程性程序语言的程序设计方法有所不同，它把数据与方法结合在一起，每个对象对事物的描述是相对独立与自治的，这从本质上更能实现软件的模块化设计。当然，对象之间也是需要信息传递的，一般以消息的方式实现这一功能。同时，面向对象技术还具有独有的特性，即继承性，继承机制可以很好地实现软件的可重用性。

5.1.4　故障专家 Agent 的结构组成

（1）Agent 的一般结构。智能 Agent 的变现形式多种多样，本章采用其中的 BDI（belief desire intention）模式，这种模式有较高的影响力，其构成如图 5-6 所示。

在图 5-6 中，处于中间核心的"解释器"是 Agent 的本体，主要作用

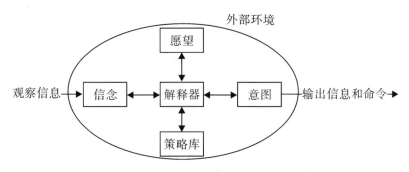

图 5 - 6　BDI 智能代理构成

是依据对周围环境的观察实时更新 Agent 的想法。"策略库"指 Agent 的内部规则等相关内容，通过数据库的形式存储策略。这些策略往往属于在一定的环境条件触发下所应该采取的行动准则，使 Agent 可以很好地完成设定好的任务。"意图"是智能代理为达到某种目的所采取的决策，当周围的环境发生改变时，可以随之发生相应的改变。"信念"是 Agent 对周围情况的一种自我意识。"愿望"即为 Agent 需要达成想要的最终状态，这部分通常是人类需要智能代理所完成任务的目的。Agent 的运行流程如图 5 - 7 所示。

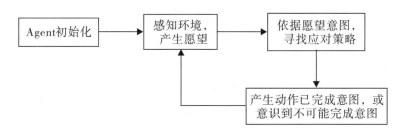

图 5 - 7　Agent 的运行流程

（2）Agent 的通信与协作。智能 Agent 间要联合起来协同工作就必须进行通信，要通信就必须定义通信协议语言。国际上常用的用于 Agent 通信的语言是 KQML。利用其定义的 Agent 通信原语可实现 Agent 之间信息的传递与交流。在 KQML 语言中定义了用于信息互通的一些基本协议准则。当然，还有其他可以用于 Agent 通信的语言，但考虑到各系统的兼容性问题，统一使用 KQML 语言作为通信语言。根据项目的需要，在个别地方也可以自行定义一种通信规则。

智能 Agent 的通信结构如图 5 - 8 所示。将从对象请求代理（object request broker，ORB）中输入的 KQML 信息传输至 Agent 通信层对应的分析结构中，接收到的 KQML 信息包含一项意图所需要的内容，在信息分析器中将其分离并送至推理器中，推理器将会决定如何对输入的信息进行处理。在此过程中，推理器会向包含用于处理 KQML 的不断更新与发展变化的知识库查询需要的信息，与状态、任务有关的知识均是实时更新的动态信息，而其他相关知识大多是静态的。之后，推理器会回答询问 Agent 某些方面的问题，决定是否接受请求等一系列活动。

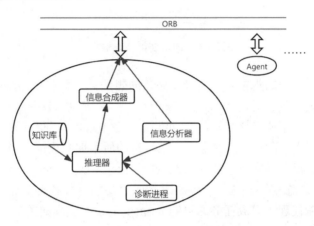

图 5 – 8　智能 Agent 的通信结构

在多个 Agent 协作的多智能系统中，一般没有处于中央地位的用于控制整个诊断推理的总推理机构。当某个诊断对象出现故障症状时，其相应的 Agent 会根据周围环境的特点，产生相应的处置方法和策略。在此过程中，每个智能 Agent 不是相对孤立的，而是协同、积极地处理当前环境中的问题。要想很好地完成共同协作，需要每个 Agent 对系统中存在的 Agent 的功能、组成都有比较详细的了解。因此，在设计时需要建立一个 Agent 的数据库，用于存放每个 Agent 的资料。根据此数据库的资料，Agent 可以自主选择协作对象，使协作高效地完成。

Agent 之间的协作指智能 Agent 根据自身的实际需要向系统中其他Agent 询问查询有关信息，等得到其他 Agent 的回答后方可进行相应的处理。这样可以实现某一子系统的诊断 Agent 直接与另一子系统的 Agent 进行信息传递，减小了 Agent 的搜索范围。同一诊断子系统的 Agent 之间通过结论共享协作。

（3）基于专家系统与 Agent 的故障专家 Agent。一般结构类型的专家系统包括知识数据模块、推理机、人机界面和解释模块，其构成如图 5 – 9 所示。

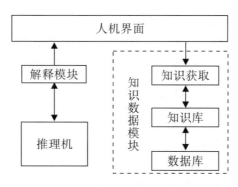

图 5-9 一般结构类型的专家系统构成

　　单一的专家系统无法很好地完成对深海探采装备这样庞大复杂的系统的故障诊断。如果对整个深海探采装备系统构建出一个单一的面向全局的故障诊断专家系统，所构建的系统将会异常庞大，极不方便对其进行组建、维护与改进升级。同时，因系统庞大、运行效率低、内部逻辑关系复杂，极易出现对故障的误诊与漏诊。

　　为了解决针对庞大复杂系统的故障诊断，将复杂的系统分成多个子系统，每个故障子系统设置一个故障专家系统，以完成对各自系统的故障诊断。对深海探采装备来说，各子系统虽然相对独立，但各子系统之间仍存在一定的关联，因此，需要专家系统具备一定独立性的同时又要具备一定"社交性"，以完成各子系统之间的沟通协调。要实现各子系统在处理故障时具有一定独立性并兼具一定的沟通协调能力，需要将智能 Agent 思想嵌入专家系统中，形成故障专家 Agent。这样的 Agent 既具有故障专家系统的特性，又具有 Agent 的特性。故障专家 Agent 的结构如图 5-10 所示。

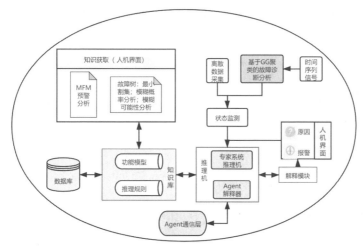

图 5-10 故障专家 Agent 的结构

故障专家 Agent 包含 Agent 通信层，用于与其他 Agent 取得联系，实现与外部的数据交换。故障专家 Agent 中的推理机由用于故障诊断的专家系统推理机和 Agent 解释器结合而成，负责完成对所有任务的推理与决策。故障专家 Agent 的知识库存储着专家知识与推理规则。

故障专家 Agent 设有知识获取模块，知识的获取主要基于多层流模型分析与故障树分析来完成。故障专家 Agent 中的状态监测平台用于实时监测深海探采装备系统的运行状态数据。状态监测有两类数据，一类是离散型数据，如某一回路的压力值、转速值和电压电流值等；另一类是聚类故障诊断结果，该结果来源于基于时间序列信号的故障诊断模块。如果有监测值异常，将触发推理机运行，启动故障诊断程序，诊断出产生故障的原因并显示在人机界面中，作出报警提示。

5.1.5　Agent 故障的知识表示

故障专家 Agent 主要利用框架式的产生式规则进行推理，其中的事实与规则是故障专家 Agent 知识库的主要要素，并且直接决定了故障专家 Agent 知识表示的准确性。

深海探采装备故障专家 Agent 中知识库的知识表示形式主要使用模糊产生式规则，其形式为

$$\text{IF} \qquad w_1^* P_1 \Lambda w_2^* P_2 \Lambda \cdots w_n^* P_n, \text{THEN } Q(CF, \tau) \qquad (5-1)$$

式中，$P_i(i=1,2,\cdots,n)$ 和 Q 均为模糊谓词逻辑，取值在 $[0,1]$ 之间；w_i $(i=1,2,\cdots,n)$ 为 P 的系数权重，$w_i \geq 0$，且 $\sum_{i=1}^{n} w_i = 1$；CF 为可信度，$0 \leq CF \leq 1$；τ 为规则的可用阈值，$0 \leq \tau \leq 1$。

上述规则的含义为：若 P 的可信度 $T(P)$ 大于等于可用度阈值 τ，那么故障可能会出现，此条规则被应用。

$$T(P) = \sum_{i=1}^{n} w_i^* T(P_i) \qquad (5-2)$$

可以推出规则对应的结果，可信度为

$$T(Q) = T(P)\Lambda CF \qquad (5-3)$$

式中，Λ 为乘法运算。

5.1.6　事实库与规则库的构建

目标事实对应于故障数据库，中间事实是介于症状和故障之间的事实，

在推理过程中动态生成。构建专家系统时，首先将专家的意见进行整合，找出可能用到的全部事实，其中每个事实都被分配一个唯一的数字编码来区分，这个编码用来在规则库中表示规则中使用的每个事实。

元级规则库可以用来控制推理路径，例如：

　　　　　IF　　〈输入的诊断数据包含振动信号〉

　　　THEN　　〈推理指向频谱分析单元〉

元级规则的目的是减小推理所需要搜索的范围，将目标级规则库划分为多个模块，提高推理效率。为了指导推理的正确执行，不同的元规则一般对应不同的范围。

规则存储在数据库中，规则表中存储规则的详细信息，如：

Rule – 05　　IF　　〈系统压力未达到设定值〉　　（8）

　　　　　　　　　　〈执行机构有压力但不动作〉　　（6）

　　　　　　　〈改变溢流压力后系统压力变化不明显〉　　（30）

　　　　　　　　　〈液压泵振动信号异常〉　　（59）

　　　　　THEN　　〈液压泵泄漏故障〉　　（62）

规则表对该规则的数字化存储方式如表 5 – 1 所示。

表 5 – 1　规则表对该规则的数字化存储方式

规则编码号	条件 1	条件 2	条件 3	条件 4	结论
5	8	6	30	59	62

5.1.6.1　模糊量词的设定

每件事情发生的概率有以下几个层次：绝对发生、非常强的可能性发生、很可能发生、较大可能发生、一般情况下会发生、较小可能不发生、不太可能发生、不会发生。为了便于计算机分析，对这些层级进行量化，每个等级对应一个数值，这个数值属于 0 ~ 1 之间，每种可能性对应于肯定发生、极强、很强、较强、一般、比较弱、很弱、不发生中的一种情况。模糊量词数值的设定如表 5 – 2 所示。

表 5 – 2　模糊量词数值的设定

模糊量词	数值区间
肯定发生	［1.00，1.00］

续上表

模糊量词	数值区间
极强	[0.95, 0.99]
很强	[0.85, 0.94]
较强	[0.75, 0.84]
一般	[0.45, 0.74]
比较弱	[0.15, 0.44]
很弱	[0.01, 0.14]
不发生	[0.00, 0.00]

5.1.6.2 权重系数的设定

在工程实际当中，知识库中每条规则的几个前提条件的重要程度不是均等的，应当对其重要性进行区分，下面以一个系统知识库中的一条规则为例进行说明。

    IF 〈系统压力未达到设定值〉
        〈执行机构有压力但不动作〉
        〈改变溢流压力后系统压力变化不明显〉
        〈液压泵振动信号异常〉
    THEN   〈液压泵泄漏故障〉

通常，根据条件的重要性，每个条件被定义为以下级别：非常重要、很重要、比较重要、一般和可有可无。这5个级别分别对应一个特定值，根据具体情况而定）。每个条件事实对应一个值，因此每个事实的权重系数等于该条件重要性对应的值与所有事实之和的比率。

对以上规则进行重要性设计如下：

 IF 〈系统压力未达到设定值〉 非常重要，值为10
    〈执行机构有压力但不动作〉 很重要，值为8
    〈改变溢流压力后系统压力变化不明显〉 比较重要，值为6
    〈液压泵振动信号异常〉 一般，值为3
 THEN 〈液压泵泄漏故障〉

如前所述，第一个条件"系统压力未达到设定值"的权重系数为 $10/(10 + 8 + 6 + 3) = 0.37$。

此为不确定性推理的基础，据此可以设计出规则权值（W）对照表，如

表5-3所示。该表中总有一个动态字段来访问每个事实的可信度变化，以便实时更新计算值。

表5-3 规则权重对照

规则编码号	条件1	条件2	条件3	条件4	规则强度因子
5	W_1	W_2	W_3	W_4	S

前文已经提到，有2种推理方式，一种是正向逻辑，另一种是反向逻辑。首先通过正向推理实现故障诊断部分，然后通过反向推理实现解释。

5.1.7 故障专家 Agent 的推理机制

对于模糊知识表示，系统采用模糊逻辑加权机制和模糊语义距离匹配方法。语义距离越小，相似度越高。它允许2种模糊匹配之间有一些差别。语义距离可以用欧氏距离和切比雪夫距离等计算求得。

论域 $U = \{u_1, u_2, \cdots, u_n\}$ 上的2个模糊集 E 与 E' 的语义距离定义如下：

$$d(E,E') = \frac{1}{n} \times \sum_{i=1}^{n} |\mu_\varepsilon(u_i) - \mu_{E'}(u_i)| \tag{5-4}$$

式中，μ 为隶属度。

前文提到，在知识库中每个规则的条件是预先设置了权重系数的，因此在推理中采用加权模糊逻辑，以实现对不充分置信的推理。

设 $x_1, x_2, \cdots, x_n$ 为加权合式逻辑公式，大于0的权系数为 $W_1, W_2, \cdots, W_n$，则计算式

$$X = W_1 X_1 \Lambda W_2 X_2 \Lambda \cdots \Lambda W_n X_n = \Lambda_{i=1}^{n} W_i X_i \tag{5-5}$$

为合式逻辑公式，称为 X_i 的加权合取式，其真度为

$$T(X) = \sum_{i=1}^{n} W_i^* T(X_i) \tag{5-6}$$

推理机的结构包含用于规则匹配的模糊匹配器、用于结论保存的保存结论部件和用于推理结果解释的驱动解释器，如图5-11所示。

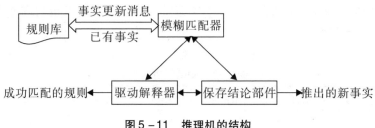

图 5-11 推理机的结构

（1）模糊匹配器。首先，在综合消息生成器事实更新数据库的触发下，在现有事实数据库的基础上进行匹配运行，从知识库中寻找出已经匹配好的规则。然后，采用不确定性的推理方法计算出每个对应规则的可信度，并将成功匹配的规则的相关信息输送至驱动解释模块和保存驱动模块。其算法流程如图 5-12 所示。

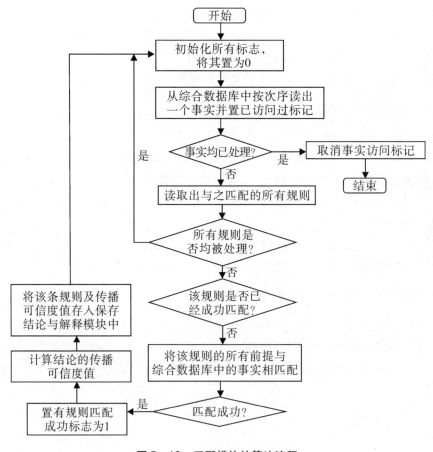

图 5-12 匹配模块的算法流程

（2）保存结论部件。保存结论部件主要是进行结论鉴别，如果是新事实，就将其及其可信度的值存储至故障专家 Agent 的数据库中。其算法流程如图 5 – 13 所示。

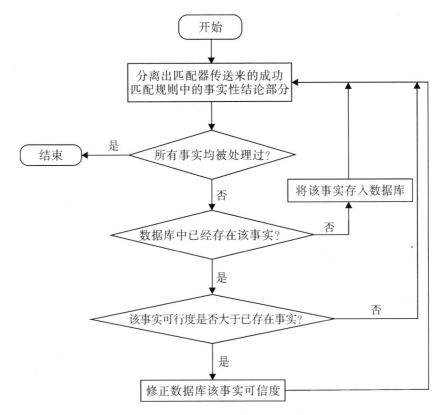

图 5 – 13　保存结论部件的算法流程

（3）驱动解释器。传统的专家系统通常采用直接调用函数的方法来实现从推理机及其组件到解释器及其组件的信息传递，由于存在较大耦合可能，增加了大型专家系统的建立和维护的难度。本章通过对专家系统工作机制的分析，建立故障专家 Agent 各组件之间的消息映射表。每个部件按照消息映射表的定义依次由消息触发。消息内容可以是数据、控制信号或两者均有。其算法流程如图 5 – 14 所示。

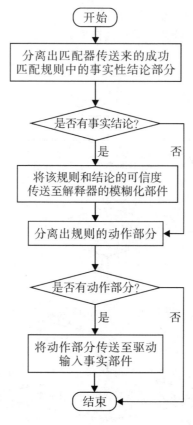

图 5-14　驱动解释模块流程

5.2　基于 MFM 与 FTA 的专家知识的获取

知识的获取与表示是将领域专业理论知识与工程经验转化为计算机程序语言能使用、能编译的知识。随着人工智能和大数据技术的发展，利用机器学习获取知识的方式越来越受到重视。基于机器学习的知识获取方式已经成为人工智能研究的热点，可以有效地解决专家系统知识获取的"瓶颈"问题。但因为深海探采装备工作在深海底，在数据的获取方面存在着一定的困难，因此基于人工智能的知识获取方法对深海探采装备来说并不是最合适的。对于深海探采装备来说，知识的获取主要基于多层流模型（multilevel flow model，MFM）与故障树分析（fault tree analysis，FTA）来完成。

深海探采装备这样的大型装备系统，其功能结构相当复杂。按照子系统进行故障分类，可以分为甲板操控台故障、甲板配电系统故障、水下机械系统故障、水下液压系统故障、水下电控系统故障和水下配电系统故障。每个子系统内部又可以分为多个故障类别，具体的如图 5 – 15 所示。要想清楚地绘制出子系统故障逻辑和子系统之间的故障逻辑及理清楚故障数据的传递关系是比较困难的。这就需要借助有效的可视化图形手段对其进行故障分析，以便形成一系列的专家知识。

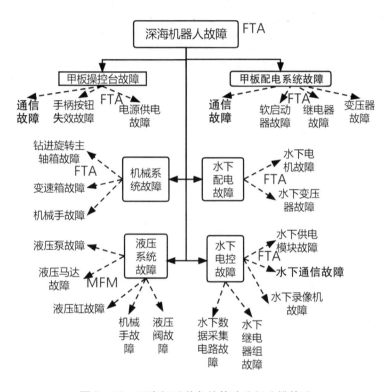

图 5 – 15　深海探采装备的故障分析建模策略

　　本章联合采用基于多层流模型（multilevel flow model，MFM）和故障树模型（fault tree analgsis，FTA）的故障建模方法完成对深海探采装备的故障分析。MFM 方法与 FTA 方法各有各的优缺点，因此在深海探采装备的不同部分采用不同的建模方法。液压传动系统有明显的物质流与能量流，因此在对深海探采装备的液压系统进行故障分析时采用多层流模型较为方便、准确；而在对深海探采装备的机械系统与电控系统进行故障分析建模时采用应用较为广泛的故障树模型。

5.2.1 MFM 故障模型

5.2.1.1 MFM 中的基本概念

多层流模型（MFM）由丹麦学者 Lind 于二十世纪八九十年代提出，是用来描述系统中物质、能量和信息流动的一种功能模型。该模型利用从手段到目的、从部分到整体形成的条件关系，到目标的实现关系和必然的达成关系对系统中的知识进行分析研究，按控制原理和相对应的守恒原理将系统中的物质、能量和信息的流动形成网络结构。如图 5-16 所示，把功能与物理部件连接起来的是实现关系，用来实现指定的功能；而工程目标与对应的功能连接起来形成条件关系，目标必须满足前提条件。

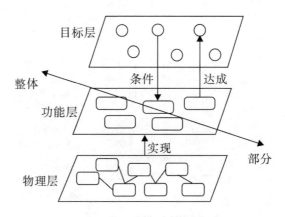

图 5-16 多层流模型中的相互关系

在从手段到目的方向上，目标、功能和物理部件表示了实现系统目标所需要的基础条件。在从部分到整体的方向上，体现了局部和整体之间的关联，预示着功能可以将系统进一步分解为多个功能的部分单元。反过来，又可以将多个部分功能单元组成为整体系统，形成可以表示更为复杂的综合知识的抽象功能。这样实现了在不同层次上对知识的表示和求解，有利于从总体上把握系统知识的整体脉络，对处理像深海探采装备这样的复杂系统十分有效。

1）目标。目标是系统的设计意图以及最终要实现的期望状态和结果。一个系统由一个主目标和多个子目标组成，子目标为实现主目标而设定。目标类型有 3 种，分别为安全目标、生产目标和经济目标。生产目标是指在系统运行中，一些特定的变量应维持在某一特定范围内。经济目标以运行约束和经济效率为基础对生产过程进行优化。安全目标与生产目标类似，重点考虑系统的安全运行需要某些变量所应保持的数值范围。对同一系统，运用不同目标进行分析所得到的多层流模型可以是不同的。模型中，目标使用一个小圆圈来表示。

2）物质流与能量流。物质流与能量流的多层流模型符号如图 5 – 17 所示。

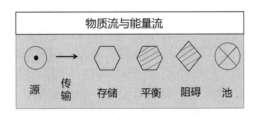

图 5 – 17　物质流与能量流的多层流模型符号

（1）源。源是一种物理现象或功能的抽象化描述，表示系统向外界提供能量、物质和信息传递的能力。在具体的实物中，源功能一般是油箱、信号发生器等，源功能只有一个输出端。

（2）传输。该功能设置有一个输出端和一个输入端，用于描述将物质、能量或信息在不同位置之间输送的能力，对应的常用物理部件有液压泵或管道等。

（3）存储。存储用于描述系统对事物的积聚能力。存储功能对应的物理部件有油箱、蓄能器等，存储功能通常有多个输出端、输入端。

（4）平衡。平衡用于描述对输入和输出保持一种相对平衡的能力。平衡功能有多个输入端和输出端，对应的典型物理部件包括分流集流阀、多通接头等。

（5）阻碍。阻碍与传输功能类似，也有一个输入端和一个输出端，但与传输功能不同的是阻碍表示的是两个位置之间对物质、能量或信息的阻碍能力，对应的物理部件有节流阀、液压堵头和隔热材料等。

（6）池。池用于描述系统接收事物的能力，与源对应，一个为接收，一个为提供。池功能对应的部件有油箱、存储器及信号接收器等，池功能只有一个输入端。

3）信息流。信息流的多层流模型主要符号如图 5 –18 所示。

图 5-18　信息流的多层流模型符号

（1）管理：管理着重解决系统的管理和控制行为，对信息处理过程有所忽略。管理是达成目标的前提条件，因此管理通过一个输出端与目标连接。

（2）决策：决策用于描述系统的判断能力，通常由操纵员完成，也可以由控制系统来完成。此功能有一个输出端和一个输入端。

（3）观察：观察功能用于描述系统从物理测量值获得信息的能力，与决策类似，通常由运行人员完成，但也可以由测量装置来完成。观察功能通过一个输出端与传输功能相连接。

（4）执行：执行功能用于描述系统将信息变成物理结果的能力，通常由执行部件的控制阀、电机等物理实物完成，也可以人为完成。该功能没有输出端，只有一个输入端。

4）网络。相互连接的功能组织起来形成流结构，组成网络。网络采用一个椭圆形符号来表示。

5.2.1.2　MFM 故障模型的建立

寿命侧表示一个系统从制造到终止使用所涉及的全部事件的整个时序。任务侧指为了完成既定目标任务所需要的全部事件和时序描述。通常一个系统的寿命侧会由多个任务侧组成，对于深海探采装备这样的大型复杂系统，一个任务侧又会有多个不同的任务阶段，而每一个阶段所涉及的设备和功能又有所不同，与之对应的 MFM 也会不同，需要对每个阶段的任务进行逐一分析。下面以深海探采装备旋转马达驱动回路为研究对象建立 MFM 故障模型。

图 5-19 为深海探采装备旋转马达驱动回路的原理简图。现针对马达正转时的主回路建立 MFM 故障模型。该主回路由变量液压泵、压力油道、旋转马达、回油管道组成。系统的主目标 G_0 是使旋转马达处于规定的转速内，以保证稳定的钻进旋转速度。以此建立的 MFM 如图 5-20 所示。

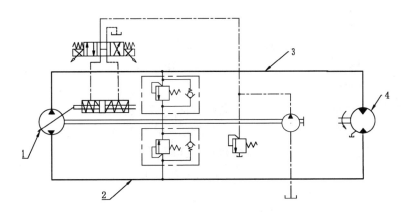

1. 变量液压泵；2. 正转回油管道；3. 正转压力管道；4. 旋转马达。

图 5-19　深海探采装备旋转马达驱动回路的原理简图

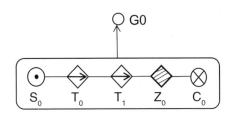

图 5-20　旋转主回路的 MFM

旋转主回路的 MFM 故障模型的对应关系如表 5-4 所示。

表 5-4　旋转主回路的 MFM 故障模型的对应关系

功能	物理部件	功能描述	故障
S_0	回油管道	马达液压油流回液压泵吸油口	—
T_0	变量液压泵	提供压力油	无法提供压力油
T_1	压力油管	传输压力油	—
Z_0	旋转马达	带动履带旋转	旋转马达损坏
C_0	回油管道	传输液压油	—

　　在该系统中最容易出现的故障是变量液压泵损坏、旋转马达损坏、压力管道泄漏和回油管道泄漏。

　　深海探采装备中有关液压系统的其他多层流模型（MFM）可以通过类

似的方法获得。

5.2.1.3　基于 MFM 进行故障分析形成专家知识

建立多层流模型（MFM）之后需要利用 MFM 对系统进行故障分析，主要采用报警分析方法。

MFM 具有从目的到手段的层次化结构特点，特别适合用于描述一个系统是如何利用其资源组态实现诸多功能的。基于 MFM，采用自下而上的分析方法，依据警报传输特性可以预判其支持系统某一功能故障对整个系统所能产生的影响。此外，通过自上而下的分析策略，可以完成系统的故障诊断，分析出导致系统故障的原因。

发生故障指系统不能按照事先设计的目标完成相应的任务，可以使用性能标准对其进行量化，然后再进行分析。MFM 功能约束条件见表 5 - 5，表中 F_0 为对应功能的输出状态变量，F_i 为对应功能的输入状态变量，V 为对应功能单元产生、存储或消耗的能量与物质。前文已经提到，MFM 是以守恒原理为基础的，各个功能单元满足一定的平衡方程及相应的约束条件。依据此原理，可以通过核查某一功能是否满足相应的约束条件来判断此功能单元是否出现了异常，从而产生了故障。通过约束条件核验的方法进行故障分析需要提供充足的用来描述某一功能运行状态的参数。但在实际深海探采装备中，由于技术或实际工作环境等因素的制约而无法直接测量系统的运行状态，因此约束条件核验法只适用于部分设备和部分类型的故障。

表 5 - 5　MFM 的功能约束条件

功能	平衡方程	约束条件
源	$F_0 = \mathrm{d}V/\mathrm{d}t$	$V\mathrm{min} \leqslant V \leqslant V\mathrm{max}$
阻碍	$F_0 = 0$	$F_0 \leqslant \varepsilon$
池	$\mathrm{d}V/\mathrm{d}t = F_i$	$V \leqslant V\mathrm{max}$
存储	$\dfrac{\mathrm{d}V}{\mathrm{d}t} = \sum F_i - \sum F_0$	$\left\| \dfrac{\mathrm{d}V}{\mathrm{d}t} - \sum F_i - \sum F_0 \right\| \leqslant \varepsilon$
传输	$F_i = F_0$	$\left\| F_i - F_0 \right\| \leqslant \varepsilon$
平衡	$\sum F_i = \sum F_0$	$\left\| \sum F_i - \sum F_0 \right\| \leqslant \varepsilon$

当系统出现故障时，系统参数会发生变化，从而产生故障警报。一般情况下，系统和部分结构之间在功能方面往往存在着高度耦合性，该故障的产

生可能会影响其他部分，使故障迅速传播从而导致系统的多点报警。各报警之间存在着一定的因果关系，因此可以识别始发警报和继发警报定位当前系统的故障。

以守恒原理建立的 MFM 具有从目的到手段这样层次化的流结构关系，因此相应的警报传播也有以下相应的两种途径：①在同一流结构内遵循物质和能量守恒原理，故障从一个功能传播到相邻的其上下游功能；②网络间的条件关系传播，体现了用于支持的部件故障对整个系统功能的影响。

故障警报传输的一般规则是根据上述约束条件和平衡方程而推导出来的。传输功能的低流量报警可能引起其上游的存储功能处于高水位警报状态，相对应地，也可能引起其下游的存储功能处于低水平状态而产生报警。基于一般规则的警报传播规则考虑到了具有相同类型功能的一般属性，却忽略了具体物理单元之间的差异。

相较于一般规则，根据实际的控制特性、运行特性及工程经验对其进行修正，最终形成物理部件的警报传播的特定规则。

这样，基于 MFM 清晰的结构逻辑层，依据以上两个规则即可迅速地分析出各个警报之间的因果关系，找出导致系统故障的根本原因。

利用如图 5－21 所示的因果关系图对 MFM 功能各个状态之间的因果关系进行描述，其中"L""N""H"对应功能的 3 种离散状态。"L"代表功能处于低流量、低压力和低油位等状态；"H"代表功能处于高流量、高压力和高油位等状态；"N"代表功能处于正常状态。一种功能的异常状态对应若干个异常原因，在因果图中用有向连接线表示功能状态间的因果关系，箭头指向表示从因到果的关系。

现假设深海探采装备在钻进过程中发生了以下警报：F_1，泵出口流量高；F_2，旋转马达转速低；F_3，回油管路流量低。

在如图 5－21 所示的因果关系图中，存在着一条从泵出口流量高到回油管路流量低的因果路径，包含上述 3 条警报状态。出口流量高而旋转马达转速低仅可能是由旋转马达故障导致的，即旋转马达转速低为主要警报；回油管路流量低与泵出口流量高警报是由系统故障引起的，由主要警报及其他警报状态导致的关联报警为次要警报。

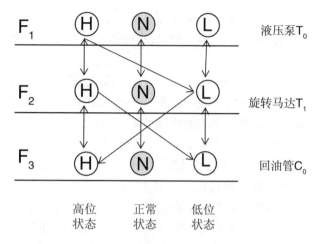

F_1 ⓗ Ⓝ Ⓛ 液压泵T_0

F_2 ⓗ Ⓝ Ⓛ 旋转马达T_1

F_3 ⓗ Ⓝ Ⓛ 回油管C_0

高位　　正常　　低位
状态　　状态　　状态

图 5-21　旋转主回路的因果关系

经上述推理去除不可能关联的因果关系和警报状态之后，旋转主回路的因果关系如图 5-22 所示，其中的主要警报，即旋转马达转速低，不是由系统故障引起的，称其为根原因警报。次要警报的原因可以进一步被分解为两种：必然结果警报和疑似原因警报。旋转主回路的因果关系分析中，回油管路流量低状态可能由其系统故障旋转马达转速低导致，其部件的本质故障回油管道泄漏与否难以确认，因此该警报为疑似原因警报。若某个警报状态只能由此系统故障牵连引发，不存在对应的相应零部件的本质故障，则称为必然结果警报，如本例中泵出口流量高状态没有与之对应的部件本质故障。

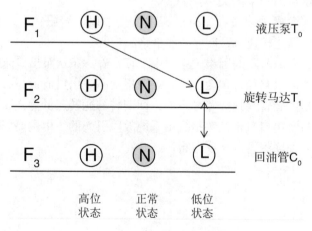

F_1 ⓗ Ⓝ Ⓛ 液压泵T_0

F_2 ⓗ Ⓝ Ⓛ 旋转马达T_1

F_3 ⓗ Ⓝ Ⓛ 回油管C_0

高位　　正常　　低位
状态　　状态　　状态

图 5-22　推理后的旋转主回路因果关系

建立功能状态和警报状态之间的因果关系，当系统的某一部分发生故障时，将会引发系统功能状态的警报，可以找到导致系统异常的真正故障原因。这是警报分析法的基本原理。建立多层流模型并进行故障分析的最终目的是建立故障专家系统提供知识来源，具体的流程如图 5-23 所示。

图 5-23　由 MFM 获得专家知识的流程

根据以上警报分析，可以得出的深海探采装备旋转回路的故障逻辑关系结果：

（1）旋转马达损坏泄漏故障是根本原因，其可能造成出、回油管流量下降，也可能因为马达转速下降，控制系统自动提高变量泵的排量而导致液压泵出口流量的增大。

（2）回油管路泄漏故障是疑似原因。可以通过警报分析排除不可能的因素，找到可能导致当前系统故障状态的故障集。该分析方法分析速度快，但其缺陷也明显。该方法可以找到故障集，但不能准确地给出当前系统故障的最小故障集，在实际使用过程中需要根据具体情况灵活使用，如利用故障树最小割集的方法进行故障诊断，来弥补警报分析法的不足。

根据该故障逻辑可以得到一条专家知识：当泵出口流量过高且回油管路流量偏低时，可以得出旋转马达发生泄漏损坏；若此时马达转速也升高，则可以判定可能是回油管路泄漏。

5.2.2　FTA 故障模型

5.2.2.1　FTA 中的基本概念

采用故障树模型（FTA）进行故障分析可以解决大型复杂系统的故障分析问题。故障树是一种将问题图形化演绎的方法，故障树分析方法利用图形化的思想，清晰地描述了元件故障和系统故障之间的内在逻辑关系。

每个底事件 x_i 完全决定着顶事件 T，即有故障树的结构函数为

$$T = f(x) \tag{5-7}$$

每个故障树中一般都会存在 2 种最基本的逻辑结构，分别为与门结构（图 5 −24）和或门结构（图 5 −25）。其对应的结构函数分别为

$$f(x) = \prod_{i=1}^{n} x_i \tag{5-8}$$

$$f(x) = 1 - \prod_{i=1}^{n} (1 - x_i) \tag{5-9}$$

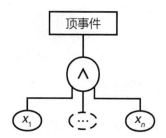

图 5 −24　故障树与门结构

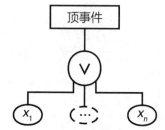

图 5 −25　故障树或门结构

利用事件的结构函数对故障树进行研判，可以求出引起故障发生的最小割集和最小径集，分析出系统中最薄弱的环节和保证成功的关键因素。此外，也可以对深海系统进行故障的定量分析。

在实际工程问题中，故障树中基本事件的故障概率及其故障严重程度不可能完全精确地获取。因此，需要用模糊数来表述某一事件发生的概率及其故障严重程度。模糊数属于模糊理论中的一个基本概念，反映的是对模糊信息和模糊概念的一种认识，也是定量分析时因装备系统存在的模糊性而出现的不确定性。

定义一个模糊数

$$\tilde{A} = (m, \alpha, \beta) \tag{5-10}$$

式中，α 和 β 分别为置信区间的临界值；m 为对应的均值。当 α 和 β 均为零时，模糊数为确定数；其他情况下模糊数为模糊值，α 和 β 越大，模糊数越大。

若 $\tilde{A}$ 的隶属函数为

$$\mu\tilde{A}(x) = \begin{cases} 1, & x = m \\ L(x), & x < m \\ R(x), & x > m \end{cases} \tag{5-11}$$

在实际中，常用的该类型隶属函数有多种形式。考虑到深海探采装备工作环

境的复杂性，使用梯形的隶属函数对深海探采装备进行故障分析，表达式为

$$\mu\widetilde{A}(x) = \begin{cases} 0, & 0 \leqslant x \leqslant m-a-b \\ \dfrac{x-(m-a-b)}{b}, & m-a-b < x \leqslant m-a \\ 1, & m-a < x \leqslant m+a \\ \dfrac{(m+a+b)-x}{b}, & m+a < x \leqslant m+a+b \\ 0, & x > m+a+b \end{cases} \quad (5-12)$$

式中，a、b 分别为支撑半径与模糊区域；m 为中心点。特别地，三角形隶属函数是一种特殊的梯形隶属函数。可以将模糊数 $\widetilde{A}$ 的梯形隶属函数简写为 $\widetilde{A} = (m-a-b, m-a, m+a, m+a+b) = (c,d,e,f)$。

对于 2 个模糊数的和有如下的运算规则

$$\widetilde{A} \oplus \widetilde{B} = (c_A, d_A, e_A, f_A) \oplus (c_B, d_B, e_B, f_B)$$
$$= (c_A + c_B, d_A + d_B, e_A + e_B, f_A + f_B)$$

$$\widetilde{A} \ominus \widetilde{B} = (c_A, d_A, e_A, f_A) \ominus (c_B, d_B, e_B, f_B)$$
$$= (c_A - c_B, d_A - d_B, e_A - e_B, f_A - f_B) \quad (5-14)$$

$$\widetilde{A} \otimes \widetilde{B} = (c_A, d_A, e_A, f_A) \otimes (c_B, d_B, e_B, f_B)$$
$$= (c_A c_B, d_A d_B, e_A e_B, f_A f_B) \quad (5-15)$$

当 λ 在区间 $[0,1]$ 时，模糊数 $\widetilde{A}$ 的截集为 $[m-(a+b-\lambda b), m+(a+b-\lambda b)]$，显然模糊数属于一个区间数。扩张公式如下

$$\widetilde{A}_\lambda + \widetilde{B}_\lambda = [L_A^\lambda, R_A^\lambda] + [L_B^\lambda, R_B^\lambda] = [L_A^\lambda + L_B^\lambda, R_A^\lambda + R_B^\lambda] \quad (5-16)$$

$$\widetilde{A}_\lambda - \widetilde{B}_\lambda = [L_A^\lambda, R_A^\lambda] - [L_B^\lambda, R_B^\lambda] = [L_A^\lambda - L_B^\lambda, R_A^\lambda - R_B^\lambda] \quad (5-17)$$

$$\widetilde{A}_\lambda \cdot \widetilde{B}_\lambda = [L_A^\lambda, R_A^\lambda] \cdot [L_B^\lambda, R_B^\lambda] = [L_A^\lambda \cdot L_B^\lambda, R_A^\lambda \cdot R_B^\lambda] \quad (5-18)$$

$$\widetilde{A}_\lambda / \widetilde{B}_\lambda = [L_A^\lambda, R_A^\lambda] / [L_B^\lambda, R_B^\lambda] = [L_A^\lambda / L_B^\lambda, R_A^\lambda / R_B^\lambda] \quad (5-19)$$

模糊数可以用来描述某一事件故障发生的概率，这解决了实际装备运行中事件概率难以表述和合理运用技术人员经验的问题。在模糊区域支撑半径均为 0 的情况下，模糊数可以表示故障的概率。通过 b 与 a 的动态调整，可以依据经验设定类似概率的估计值。

有了模糊数就可以用模糊数 1、0.5、0 分别表示故障程度是严重的、轻微的和无故障的。

在利用故障树对系统进行分析时，在不考虑模糊数的情况下，依据底事

件的概率及其结构函数可以确定顶事故障发生的概率。引入模糊数后，用模糊算子取代单纯的逻辑门算子。因此，在做定量分析时模糊数对应着概率。事件截集为

$$\begin{cases} x_{1\lambda} = \left[m_1 - (a_1 + b_1 - b_1\lambda), m_1 + (a_1 + b_1 - b_1\lambda) \right] \\ x_{2\lambda} = \left[m_2 - (a_2 + b_2 - b_2\lambda), m_2 + (a_2 + b_2 - b_2\lambda) \right] \\ \cdots \\ x_{n\lambda} = \left[m_n - (a_n + b_n - b_n\lambda), m_n + (a_n + b_n - b_n\lambda) \right] \end{cases} \quad (5-20)$$

由此可以得到或门结构的模糊算子为

$$\begin{aligned} Y_{s\lambda}^{or} &= 1 - \prod_{i=1}^{n}(1 - x_{i\lambda}) \\ &= [1,1] - \prod_{i=1}^{n}\{[1,1] - [m_i - (a_i + b_i - b_i\lambda), m_i + (a_1 + b_i - b_i\lambda)]\} \\ &= \left[1 - \prod_{i=1}^{n}(m_i - (a_i + b_i - b_i\lambda)), 1 - \prod_{i=1}^{n}(m_i + (a_i + b_i - b_i\lambda)) \right] \end{aligned}$$
$$(5-21)$$

与门结构的模糊算子为：

$$\begin{aligned} Y_{s\lambda}^{and} &= \prod_{i=1}^{n} x_{i\lambda} \\ &= [m_1 - (a_1 + b_1 - b_1\lambda), m_1 + (a_1 + b_1 - b_1\lambda)] \times \\ &\quad [m_2 - (a_2 + b_2 - b_2\lambda), m_2 + (a_2 + b_2 - b_2\lambda)] \times \cdots \times \\ &\quad [m_n - (a_n + b_n - b_n\lambda), m_n + (a_n + b_n - b_n\lambda)] \\ &= \left[\prod_{j=1}^{n}(m_i - (a_i + b_i - b_i\lambda)), \prod_{i=1}^{n}(m_i + (a_i + b_i - b_i\lambda)) \right] \end{aligned}$$
$$(5-22)$$

T-S 故障树模型适合用于模糊专家系统知识库的获取与构建。引入 T-S 模糊门后故障树就演化成了 T-S 模糊故障树。

T-S 模糊逻辑门如图 5-26 所示，图中 $x_1, x_2, \cdots, x_n$ 为底事件，T 为顶事件，其故障严重程度用模糊数 $(x_1^1, x_1^2, \cdots, x_1^{k_1})$，$(x_2^1, x_2^2, \cdots, x_2^{k_2})$，$\cdots$，$(x_n^1, x_n^2, \cdots, x_n^{k_n})$ 和 $(t^1, t^2, \cdots, t^{k_t})$ 表示，其中

$$\begin{cases} 0 \leqslant x_1^1 < x_1^2 < \cdots < x_1^{k_1} \leqslant 1 \\ 0 \leqslant x_2^1 < x_2^2 < \cdots < x_2^{k_2} \leqslant 1 \\ \cdots \\ 0 \leqslant x_n^1 < x_n^2 < \cdots < x_n^{k_n} \leqslant 1 \\ 0 \leqslant t^1 < t^2 < \cdots < t^{k_t} \leqslant 1 \end{cases} \quad (5-23)$$

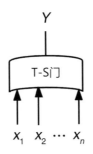

图 5 –26　T-S 模糊逻辑门

那么，T-S 模糊逻辑门可以概述如下：设有规则 $l(l = 1,2,\cdots,m)$，且 $x_1^{i_1}$ 表示 x_1 的故障程度，$x_2^{i_2}$ 表示 x_2 的故障程度，以此类推，$x_n^{i_n}$ 表示 x_n 的故障程度，则故障事件 T 的严重程度为 t^1 的可能性为 $p^l(t_1)$，故障事件 T，严重程度为 t^2 的可能性为 $p^l(t_2)$，以此类推，故障事件 T 的严重程度为 t^{k_t} 的可能性为 $p^l(t_{k_t})$。其中，$i_1 = 1,2,\cdots,k_1$；$i_2 = 1,2,\cdots,k_2$；$\cdots$；$i_n = 1,2,\cdots,k_n$。

假设一个顶事件的模糊概率为 $P(x_1^{i_1}),P(x_2^{i_2}),\cdots,P(x_n^{i_n})$，按照规则的可能性为 $P_0^l = P(x_1^{i_1}),P(x_2^{i_2}),\cdots,P(x_n^{i_n})$。由此可以得到不同严重程度的模糊概率为

$$\begin{cases} P(t^1) = \sum_{l=1}^m P_0^l P^l(t^1) \\ P(t^2) = \sum_{l=1}^m P_0^l P^l(t^2) \\ \cdots \\ P(t^n) = \sum_{l=1}^m P_0^l P^l(t^n) \end{cases} \quad (5-24)$$

若底事件的程度已知，为 $x' = (x'_1,x'_2,\cdots,x'_n)$，则顶事件的可能性为

$$
\begin{cases}
Q(t^1) = \sum_{l=1}^{m} \beta_l^*(x') P^l(t^1) \\[2mm]
Q(t^2) = \sum_{l=1}^{m} \beta_l^*(x') P^l(t^2) \\[2mm]
\cdots \\[2mm]
Q(t^n) = \sum_{l=1}^{m} \beta_l^*(x') P^l(t^n)
\end{cases}
\tag{5 - 25}
$$

式中,

$$
\beta_i^*(x') = \prod_{j=1}^{n} \mu_{xj}^{ij}(x_j') \Big/ \sum_{i=1}^{m} \prod_{j=1}^{n} \mu_{xj}^{ij}(x_j')
\tag{5 - 26}
$$

由上述可知,利用 T-S 模糊规则和底事件的故障严重程度,由式(5 - 25)可以求得顶事件的模糊可能性。反过来,也可以求出顶事件的模糊概率。

5.2.2.2 FTA 故障模型的建立

以深海探采装备钻进动力头为例构建模糊故障树。深海探采装备动力头包含旋转马达、主轴总成与减速箱。选择"深海探采装备动力头故障"为顶事件,建立故障树,如图 5 - 27 所示。图中,T 为顶事件,M 为中间事件,x 为基本事件。

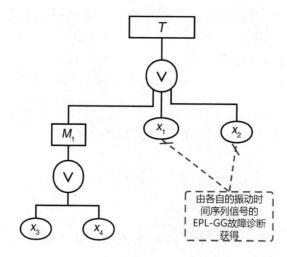

图 5 -27　动力头故障树

图 5 -27 中,各事件变量表示的含义如下:

（1）T 为动力头故障。

（2）M_1 为主轴总成故障。

（3）x_1 为旋转液压马达故障，该故障可能是马达轴承故障或者滑靴故障等，本应是中间事件，此局部的故障诊断由聚类故障诊断方法完成，在构建故障树时，将此中间事件作为基本事件处理。

（4）x_2：减速箱故障，同 x_1，由 EPL-GG 故障诊断方法诊断出结果后形成故障树的一个基本事件。

（5）x_3：主轴杆变形。

（6）x_4：滚珠损坏。

由于各个元件发生故障的概率和所造成故障的严重情况都有一定的模糊性，因此需要对动力头故障进行模糊分析，即获取 T-S 模糊门规则与对各个现象的模糊处理。以 M_1 为例，获取"T-S 门 2"的模糊门规则见表 5-6。最终建立的模糊故障树如图 5-28 所示。

表 5-6　动力头 T-S 的模糊门规则

规则	x_3	x_4	M_1		
			0	0.5	1
1	0	0	1	0	0
2	0	0.5	0.6	0.2	0.2
3	0	1	0	0	1
4	0.5	0	0.2	0.5	0.3
5	0.5	0.5	0.3	0.6	0.1
6	0.5	1	0	0	1
7	1	0	0	0	1
8	1	1	0	0	1
9	1	0.5	0	0	1

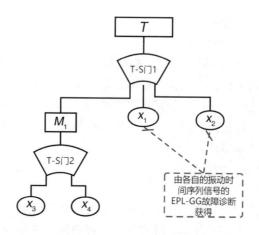

图 5 -28　动力头故障的模糊逻辑门

5.2.2.3　基于 FTA 进行故障分析形成专家知识

基于系统故障树，采用最小割集与最小径集的定性分析方法是获取专家系统中专家知识的最重要手段之一。最小割集与最小径集在求解上可以互通，知道最小割集可以求出最小径集。最小径集是站在系统安全的角度对系统的一种衡量。在进行系统故障分析时，最常用的手段是求解故障树的最小割集。

依据 FTA 对系统进行分析的目的是求全部的最小割集。最小割集中的某个底事件发生时，顶事件就必然会发生。由此可见，最小割集对应着导致顶事件故障发生的一系列原因。

与建立 MFM 获得专家知识类似，FTA 是通过求得最小割集得到故障逻辑，然后形成专家知识。但从上述的动力头 FTA 可以看出，当其中包含用于故障诊断的时间序列信号时，需要先利用 EPL-GG 故障诊断方法对其进行故障诊断，然后再将结果作为基本事件。在包含时间序列信号的系统中，形成专家知识的流程如图 5 - 29 所示。

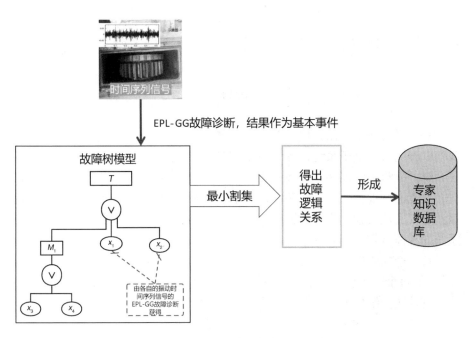

图 5 –29　由 FTA 获得专家知识的流程

　　需要特别指出的是，聚类故障诊断不仅存在于故障树模型中，在多层流模型中也存在需要先对某些部件进行聚类故障诊断的情况。在建立液压系统的 MFM 时，当需要通过检测油缸的压力判断油缸是否有泄漏的情况时，就需要先对压力时间序列信号进行聚类故障诊断。

　　在"动力头故障"这个顶事件构建的故障树中不难发现，在整个故障树中只有"或"，即该故障树的最小割集为 $\{x1\}$、$\{x2\}$、$\{x3\}$、$\{x4\}$。

　　通过故障树的故障分析可以得到的专家知识如下。

　　规则 1：当 $\{x1\}$、$\{x2\}$、$\{x3\}$、$\{x4\}$ 中任一事件发生时，动力头出现故障。

　　规则 2：由表 5 –6 可知 9 条规则。当 $\{x3\}$、$\{x4\}$ 的故障程度均为 0 时，$M1$ 的故障程度为 0 的可能性为 1。以此类推其他 8 条规则。

5.3 CA-FDES 总体设计

5.3.1 全局黑板（通信 Agent）

一个系统通常可以按照结构或者功能划分出多个子系统，在前文当中，我们已经为每一个子系统设置了一个故障专家 Agent，由此可以基本解决各子系统的故障诊断问题。但解决各个子系统的故障诊断问题并不是最终目的，也无法体现将 Agent 思想融入传统专家系统中所能发挥的价值。最终的目的是要完成对整个系统的智能故障诊断。要想达成此目的，需要将各个子系统的故障专家 Agent 联合成一个整体。

每一个故障专家 Agent 相当于一位对自己的子系统故障非常熟悉的"专家"，但每个子系统的这个"专家"并不了解其他子系统的情况，也无法接收到其他子系统传输至本子系统的数据。这就需要为这些子系统故障"专家"建立一个公共平台，这个公共平台称为"黑板"。

黑板结构主要由知识源、黑板及相应程序组成，如图 5 – 30 所示。

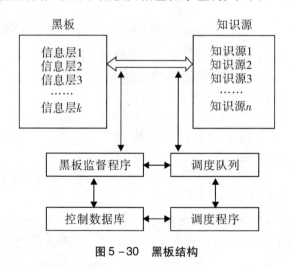

图 5 – 30　黑板结构

知识源类似于专家系统中的知识库，用来存储各类知识，各个知识源之间保持相对独立并不互相干扰，各自解决特定的问题。黑板属于全局公共工作区域，用来存储数据和为知识源提供信息进行求解。控制结构类似于专家系统中的推理机，属于问题求解的推理结构，贯穿于知识源进行求解的各个阶段，同样的，类似于推理机也有 3 种推理方式。因为黑板结构能将复杂的大问题转换成多个任务，因此其适用于求解大型复杂的问题。

黑板模型结构是模拟一组人类专家面对同一个问题进行磋商，首先提出各自的看法和解决方案，然后将自己的看法列出来写在黑板上分享给大家，最后形成一个统一意见来共同应对这一问题，最终解决问题。

根据这一思想，首先，把总体目标问题根据一定的原则对总体任务进行一一分解，形成多个目标任务，每个任务相当于一个人类专家。然后，利用黑板结构将所有子任务融合成一个有机的整体专家系统。

通过建立全局黑板，为各个子系统之间的沟通交流提供一个对话平台，以实现对系统全局的故障诊断。为了有利于故障诊断系统的开发，提高整个系统的可维护性，为全局黑板单独设置一个 Agent，称为通信 Agent。

5.3.2　CA-FDES 总体结构及其运行原理

除上述通信 Agent 之外，故障诊断系统应包含用于各个子系统故障诊断的故障诊断 Agent。故障诊断 Agent 用于完成各部分的故障诊断，确定各部分运行状态的好坏。此外，还有一个管理 Agent。管理 Agent 和通信 Agent 分别用于系统协调管理和各子系统之间的数据交换。形成的 CA-FDES 故障诊断系统的总体结构如图 5 - 31 所示。

系统管理 Agent 由系统调度机、任务内容分发器、系统检测器组成，再加上部分黑板结构和通信传输接口。系统管理 Agent 是整个系统运行的基础和进行所有诊断任务的第一步，它主要负责故障诊断总系统中 Agent 的任务协调调度等，体现了全局故障诊断的策略与思路。通信 Agent 是全系统正常运行的核心桥梁，所有 Agent 之间的协调工作都要通过它来完成，监管着系统全局的数据。根据 CA-FDES 思想，构建程序框架完成软件设计，进而完成 CA-FDES 系统的开发。深海探采装备 CA-FDES 系统的主界面如图 5 - 32 所示。

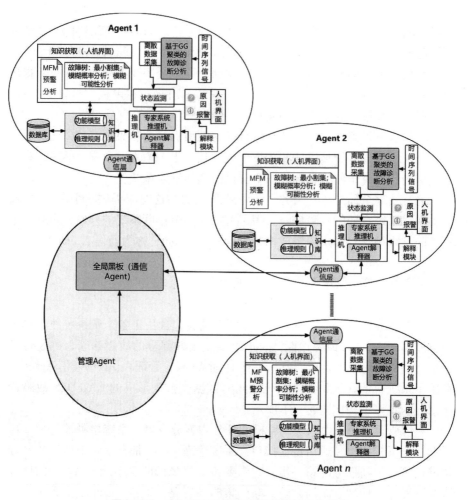

图 5-31　CA-FDES 故障诊断系统的总体结构

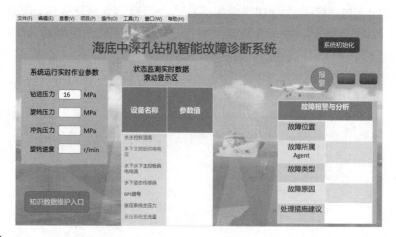

　图 5-32　深海探采装备 CA-FDES 系统的主界面

该系统中的 Agent 能在特定的外部场景下持续自发地运行去完成某个子任务，又能与其他 Agent 协作特定地完成指定任务。通过互联互通的有效通信，各个 Agent 之间在追求某一部分的目标时又能"顾全大局"地实现总体目标，这是多个 Agent 相互协同作业的结果。这样的多 Agent 有其独特的优势：①在动态响应外部环境变化的情况下，自主地解决本子系统的问题，具有高度的自制性；②通过 Agent 通信语言完成与其他 Agent 之间的通信，以获得其他外部的有用信息来处理自己局部不能处理的问题；③模块化设计，可以依据需要进行重组以适应不同的需求，及时更新系统；④诊断 Agent 具有基于专家系统的主体内容，可以根据数据库里的故障知识规则解决故障诊断问题。

如前文所述，根据多层流模型（MFM）与故障树模型（FTA）对系统进行故障分析后得出专家知识，模糊产生式规则的知识比较适用于深海探采装备故障专家 Agent 知识库的设计。由于深海探采装备的故障逻辑知识有一定的层次性和可类化性，在知识的表示形式上除了采用产生式规则，还应结合框架结构式的表示方法，以方便知识的表示与调用。其知识规则形式如下

$$\text{Rule}(E_1/u_1, E_2/u_2, \cdots, E_n/u_n, Q/\tau) \tag{5-27}$$

式中，$E_i(i=1,2,\cdots,n)$ 与 $u_i(i=1,2,\cdots,n)$ 分别表示故障征兆及其发生故障的程度；Q 和 τ 分别表示结论及对应规则的可用阈值。

其对应的结果框架为 Result（W，H），这里的 W 和 H 分别表示故障原因及相应的处理措施。

为了有效地完成模糊推理，需要建立故障结论与征兆之间的隶属关系。设故障结论为 $Q=(q_1, q_2, \cdots, q_n)$，征兆为 $E=(e_1, e_2, \cdots, e_m)$。根据专家经验建立二者之间的模糊关系 $R=(\mu_{ij})_{n\times m}$ 形成模糊关系矩阵，这里 μ_{ij} 表示第 i 个征兆对第 j 个结论的隶属度。

CA-FDES 系统中有多个故障专家 Agent，每个 Agent 包含相对独立的专家系统，在与其他 Agent 实现数据共享与协调的基础上独立地解决自身子系统的故障诊断问题。每个 Agent 完成故障诊断的过程如下。

（1）一方面，故障专家 Agent 利用其内部的状态监测平台收集离散监测值以及经过聚类故障诊断模块输出的结果，获得故障征兆数据 Da1；另一方面，通过故障专家 Agent 的解释器从通信 Agent 全局黑板中有选择地获取其他 Agent 状态监测中采集到的故障征兆数据 Da2。由故障征兆数据 Da1 与 Da2 组成故障征兆向量 $E=(e_1, e_2, \cdots, e_m)$，利用 $Q=E'\circ R$ 求出每个故障的隶属度 q_j。

（2）将推理结果中的最大隶属度值的一半作为阈值，即 $\delta/2$，比较每个

故障的 q_j 与 $\delta/2$ 的大小，按隶属度值大于阈值的规则在 Agent 知识库中作出标记。

（3）将做有标记的规则框架槽与事实规则槽进行匹配，若槽名相同，则基于式（5-30）计算槽值匹配度 $\delta_{match}(E, E') = 1 - d(E, E')$。对所有规则框架中的槽完成一一匹配后，计算综合匹配度。设

$$E = E_1 \wedge E_2 \wedge E_3 \wedge \cdots \wedge E_n \qquad (5-28)$$

$$E' = E'_1 \wedge E'_2 \wedge E'_3 \wedge \cdots \wedge E'_n \qquad (5-29)$$

则综合匹配度为

$$\delta_{match}(E, E') = \min\left\{\delta_{match}(E_1, E'_1), \delta_{match}(E_2, E'_2), \cdots, \delta_{match}(E_n, E'_n)\right\}$$

$$(5-30)$$

（4）若 $\delta_{match}(E, E') \geqslant \tau$，则判断为该故障可能发生。以此类推，对所有做有标记的规则框架进行一一匹配，并将所有结果存入 Agent 数据库中，数据库中的结论即为故障诊断结果。

5.4　基于多 Agent 的 CA-FDES 运行机制

5.3 节对 CA-FDES 中 Agent 的运行原理进行了阐述。为了对全系统进行故障检测与诊断，实现装备系统安全可靠地运行，需要通过 CA-FDES 故障诊断系统中的管理 Agent 对系统中的每个故障专家 Agent 进行统一的指挥调度，使各个 Agent 可以高效地利用系统有限的软件、硬件资源，实现对系统中的多个并发故障的快速且准确的故障诊断。为了完成各个故障诊断任务的合理调配，需要遵守如下一系列的执行约束。

（1）故障诊断流程约束。为了保证对各个零部件的故障诊断可以有序地进行，需要规范的故障诊断任务执行流程。这里，采用前继故障诊断的方式表征复杂诊断执行流程。即若第 i' 个故障诊断任务为第 i 个故障诊断任务的前继作业事件，则后继故障诊断必须在其所有前继任务完成后才能开始执行，如式（5-31）所示。

$$S_{i,j} \geqslant C_{i',j} \qquad (5-31)$$

其中：$S_{i,j}$ 表示第 j 个部件的第 i 个故障诊断任务的开始事件；$C_{i',j}$ 表示第 j 个部件的第 i' 个故障诊断任务的执行完成时间。

（2）故障诊断资源约束。不同部件的不同故障诊断任务执行所需要的软硬件资源不尽相同。每个故障诊断任务（这里假定有 6 个故障诊断任务 FDmission-1 至 FDmission-6）执行所需要的内存资源（RAM-1 至 RAM-

5）、算力资源（MCU－1 至 MCU－6）、专业人工资源（man）和诊断所需要的标准时长如表 5－7 所示。

表 5－7　故障诊断任务的信息

诊断任务	资源需求	标准时长/s
FDmission－1	RAM－2，MCU－1	5
FDmission－2	RAM－4，RAM－5，MCU－2	3
FDmission－3	RAM－2，man	6
FDmission－4	RAM－5，RAM－3，MCU－5	2
FDmission－5	RAM－1，RAM－2，man	9
FDmission－6	RAM－3，RAM－2，MCU－3	5

（3）在故障诊断过程中，每个部件的故障诊断能且仅能在一个特定的内存空间和微控制单元（microcontroller unit，MCU）中进行，且该故障诊断任务必须在达到设定的故障安全阈值后才能开始执行。每一个硬件在整个故障诊断过程中可以供若干故障诊断任务使用，但是每个硬件同一时刻仅能供一个故障诊断使用。

对各个故障诊断任务的指挥与调度可以转变为一个序列化决策任务，即在每个指挥调度决策步内，首先，感知获取当前状态监测系统中的内容。其次，识别提取状态监测系统中的高层次态势特征，利用具有智能决策代理功能的 Agent，输出当前决策步内的指挥决策动作。最后，基于确定的决策动作，完成相应部件的故障诊断，最终实现各部件故障信息的状态更新。

这里，运用部分可观测的马尔可夫决策过程对此序列化的指挥决策任务进行数学抽象描述，其可被表示为一个七元组 $M = (S, U, P_{s_t s_{t+1}}^{a_t}, R_{s_t s_{t+1}}^{a_t}, 0, \Omega, \gamma)$，其具体含义如下所示。

（1）故障状态集合 S：表示 t 时刻故障专家 Agent 中所有可能的 S_t 构成的集合。S_t 由 t 时刻故障诊断系统所有的故障诊断资源（即内存资源、算力资源、专业人工资源）信息构成。

（2）联合指挥决策动作集合 U：表示 t 时刻所有可能的 U_t 构成的集合。U_t 为 t 时刻决策的目的地联合动作向量。U_t 由 Agent 中每个故障诊断任务 a 在 t 时刻为该任务待执行故障诊断选取的目的地（硬件资源）指挥决策动作 u_t^a 组成，$u_t = [u_t^1, u_t^2, \cdots, u_t^N]$，$N$ 为系统内待故障决策的任务总数。满足约

束 $i\neq j$，$u_t^i \neq u_t^j$，即一个硬件资源上同一时刻只能处理一个故障诊断任务。

（3）状态转移概率 $P_{s_t s_{t+1}}^{u_t}$：表示状态 S_t 下执行动 U_t 后，转变到下一状态 S_{t+1} 的概率，即 $(S\times U\times S)\rightarrow[0,1]$。

（4）奖励 $R_{s_t s_{t+1}}^{u_t}$：Agent 中的故障诊断任务在执行联合动作 U_t 后，状态由 S_t 变为 S_{t+1}，同时获得奖励 $R_{s_t s_{t+1}}^{u_t}$，即 $(S\times U)\rightarrow R_{s_t s_{t+1}}^{u_t}$。给出单步指挥决策动作执行的即时奖励 $R_{s_t s_{t+1}}^{u_t}$，其计算式如下。

$$R_{s_t s_{t+1}}^{u_t} = r_t = \alpha \times r_{task} + \beta \times r_{move} \qquad (5-32)$$

其中，α、β 为权重系数，且 $\alpha+\beta=1$。r_{task} 和 r_{move} 分别从作业执行效率和故障诊断任务移动次数两方面来评估此指挥决策步骤所选阵位的优劣。

r_{task} 的计算式如下

$$r_{task} = \begin{cases} 0, & axtivated_{num} = 0 \\ \dfrac{execute_{num}}{axtivated_{num}} - 0.5, & axtivated_{num} \neq 0 \end{cases} \qquad (5-33)$$

其中：$axtivated_{num}$ 为全部待故障诊断的任务基于故障诊断流程确定的满足时序激活条件的作业总数；$executed_{num}$ 为受限于所选硬件所能调用的资源限制。r_{task} 的数值越高，说明 Agent 中待诊断任务在选定硬件上的作业并行执行效率越高。同时，对频繁执行目的地硬件位置迁移的指挥决策进行相应的惩罚，惩罚系数 r_{move} 与故障任务位移动总数目 $move_{num}$ 呈负相关，计算式为

$$r_{move} = \rho - v \times move_{num}^\lambda \qquad (5-34)$$

其中，ρ、v、λ 为预先设定的模型超参数。

（5）局部诊断观测函数 O：表示在状态 S 执行决策动作 U 后观测到 O 的概率是 $O(s,u,o)$，即 $(S\times U\times\Omega)\rightarrow[0,1]$。

（6）有限局部保障观测集合 Ω：表示在时刻 t 下，所有可能的局部诊断观测。O_t 构成的集合 $o_t = [o_t^1, o_t^2, \cdots, o_t^N]$。在本任务中，$o_t^a$ 表示时刻 t 针对单个故障诊断任务 a 而言，其自身保障状态的信息向量。在本方案中，o_t^a 的编码由 t 时刻任务 a 的故障诊断任务执行进度决定，即故障诊断任务在时刻 t 可进行的保障作业列表中，将每个作业所需的资源按其资源类型和执行诊断类型的独立形式编码。

（7）γ 为历史折扣因子，且 $\gamma\in[0,1]$。

5.5　CA-FDES 仿真实验

为了验证 CA-FDES 的有效性，针对该系统进行仿真性实验。总共设置

16 组故障信号数据，其中，8 组时间序列信号数据，8 组离散信号数据。8 组离散信号数据中包含 4 组布尔型监测信号故障数据和 4 组状态预警值故障数据。8 组时间序列信号数据中包含 5 组不同噪声下的轴承数据：0 dB 信噪比信道下的内圈故障信号，－10 dB 信噪比信道下的内圈故障信号，－15 dB 信噪比信道下的内圈故障信号（图 5－33）；－10 dB 信噪比信道下的滚动体故障信号（图 5－34）；－10 dB 信噪比信道下的外圈故障信号（图 5－35）。

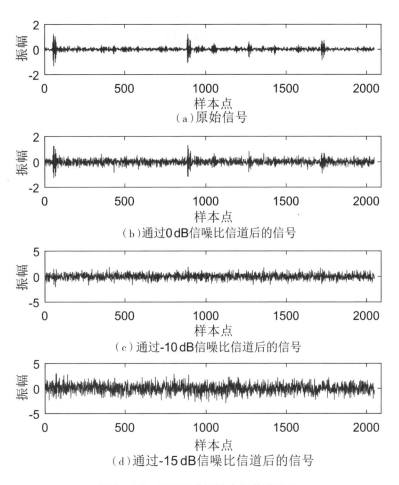

图 5－33　不同噪声下的内圈故障信号

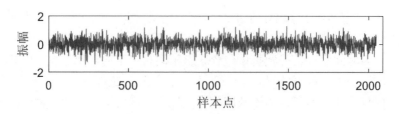

图 5-34   -10 dB 信噪比信道下的滚动体故障信号

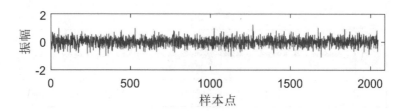

图 5-35   -10 dB 信噪比信道下的外圈故障信号

设置 3 个带有冲击成分的仿真信号作为故障信号，如式(5-35)、式(5-36) 和式(5-35) 所示。式中：$\varepsilon(t)$ 为阶跃函数；$wgn(t, snr)$ 为高斯白噪声；snr 为添加噪声的信噪比。

$$
\begin{aligned}
Y(t) &= e^{-5(t-0.4)} \sin(200 \times 2\pi t)\varepsilon(t-0.4) \\
&\quad + 0.5[\sin(100 \times 2\pi t) + \sin(300 \times 2\pi t)] \\
&\quad + wgn(t, snr(15\ \mathrm{dB})) \qquad\qquad (5-35)
\end{aligned}
$$

$$
\begin{aligned}
Y(t) &= 5 \times e^{-5(t-5)} \sin(200 \times 2\pi t)\varepsilon(t-5) \\
&\quad + 0.5[\sin(100 \times 2\pi t) + \sin(300 \times 2\pi t)] \\
&\quad + wgn(t, snr(5\ \mathrm{dB})) \qquad\qquad (5-36)
\end{aligned}
$$

$$
\begin{aligned}
Y(t) &= 2 \times e^{-5(t-5)} \sin(200 \times 2\pi t)\varepsilon(t-5) \\
&\quad + 0.5[\sin(100 \times 2\pi t) + \sin(300 \times 2\pi t)] \\
&\quad + wgn(t, snr(0\ \mathrm{dB})) \qquad\qquad (5-37)
\end{aligned}
$$

3 个仿真信号对应的时域波形如图 5-36、图 5-37 和图 5-38 所示。

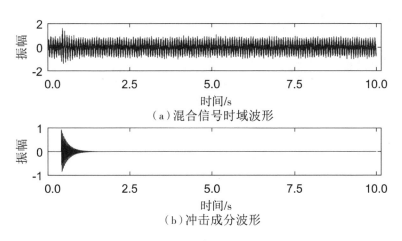

图 5 –36　仿真信号 1 的时域波形

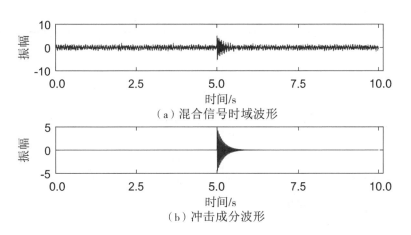

图 5 –37　仿真信号 2 的时域波形

　　根据 CA-FDES 中多 Agent 的运行机制，设置的故障诊断信息资源如表 5 –8 所示。针对故障诊断任务设置有唯一的内存硬件资源。由于离散型数据的故障诊断所需的内存与计算量小，给其分配有固定的内存与计算单元。对于运算量较大的时间序列信号，设置有 2 个运算单元，需要根据具体的故障发生时序，通过 Agent 之间的自主协商解决运算单元的使用权限。

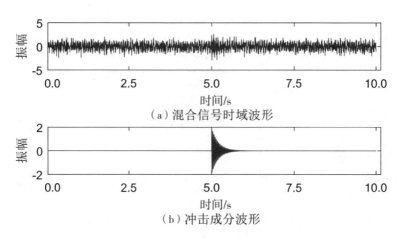

（a）混合信号时域波形

（b）冲击成分波形

图 5-38　仿真信号 3 的时域波形

表 5-8　故障诊断的信息资源

故障任务	故障代号	资源需求	所属 Agent	标准时长/s
0 dB 下的内圈故障	FAULT01	RAM-2；MCU-3；MCU-1	Agent3	8
-10 dB 下的内圈故障	FAULT02	RAM-3；MCU-2；MCU-5	Agent2	8
-15 dB 下的内圈故障	FAULT03	RAM-5；MCU-3；MCU-2	Agent3	8
-10 dB 下的滚动体故障	FAULT04	RAM-1；MCU-6；MCU-2	Agent1	8
-10 dB 下的外圈故障	FAULT05	RAM-4；MCU-2；MCU-3	Agent2	8
0 dB 下的冲击混合信号故障	FAULT06	RAM-2；MCU-4；MCU-6	Agent4	12
5 dB 下的冲击混合信号故障	FAULT07	RAM-1；MCU-2；MCU-4	Agent2	12
10 dB 下的冲击混合信号故障	FAULT08	RAM-4；MCU-6；MCU-3	Agent6	12
布尔型状态监测故障 1	FAULT09	RAM-2；MCU-3	Agent1	3
布尔型状态监测故障 2	FAULT10	RAM-6；MCU-5	Agent2	3
布尔型状态监测故障 3	FAULT11	RAM-5；MCU-3	Agent3	3
布尔型状态监测故障 4	FAULT12	RAM-1；MCU-6	Agent6	3
状态预警值故障 1	FAULT13	RAM-4；MCU-2	Agent2	3
状态预警值故障 2	FAULT14	RAM-2；MCU-4	Agent4	3
状态预警值故障 3	FAULT15	RAM-1；MCU-2	Agent2	3
状态预警值故障 4	FAULT16	RAM-4；MCU-6	Agent6	3

为了验证故障诊断系统对故障识别的能力以及各个 Agent 之间的协调能力，设置每个故障的发生时序如图 5 – 39 所示。每个故障均持续一段时间，大多数故障在 10 min 之内设置了 2 次故障的发生，每个时间段内均有不少于 2 个故障发生。

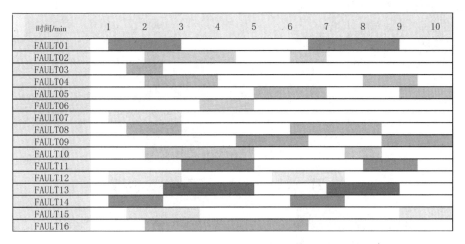

时间/min	1	2	3	4	5	6	7	8	9	10
FAULT01										
FAULT02										
FAULT03										
FAULT04										
FAULT05										
FAULT06										
FAULT07										
FAULT08										
FAULT09										
FAULT10										
FAULT11										
FAULT12										
FAULT13										
FAULT14										
FAULT15										
FAULT16										

图 5 – 39　设置故障发生时序

利用 CA-FDES 完成实验后，得出时间序列故障信号的聚类故障结果如图 5 – 40 和图 5 – 41 所示。从图中可以看出，在不同噪声情况下，每种故障信号均未超出预设定的安全阈值，系统很好地捕捉到了相应的故障，这也进一步说明了 EPL-GG 聚类故障诊断方法对信噪比低的信号有较好的故障诊断效果。

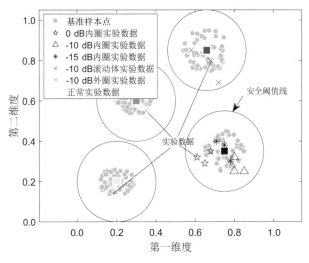

图 5 – 40　不同噪声下的轴承信号聚类结果

基准样本点
聚类中心
15 dB下的实验数据
5 dB下的实验数据
0 dB下的实验数据
安全阈值线
0.8
0.7
0.6
0.5
0.4
0.3
0.2
第二维度
0.1 0.2 0.3 0.4 0.5 0.6 0.7 0.8 0.9
第一维度

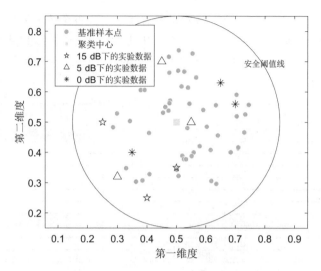

图 5－41　不同噪声下的冲击仿真信号聚类结果

CA-FDES 故障诊断系统运行所调用的资源与故障诊断所消耗的时间如图 5－42 所示。从图 5－42 可以看出，未发生资源调用的冲突，说明各个 Agent 之间协调得较好，较好地利用了系统的资源。同时也可以看到，每个故障的诊断未超出标定的诊断标准时间，故障诊断效率较高。

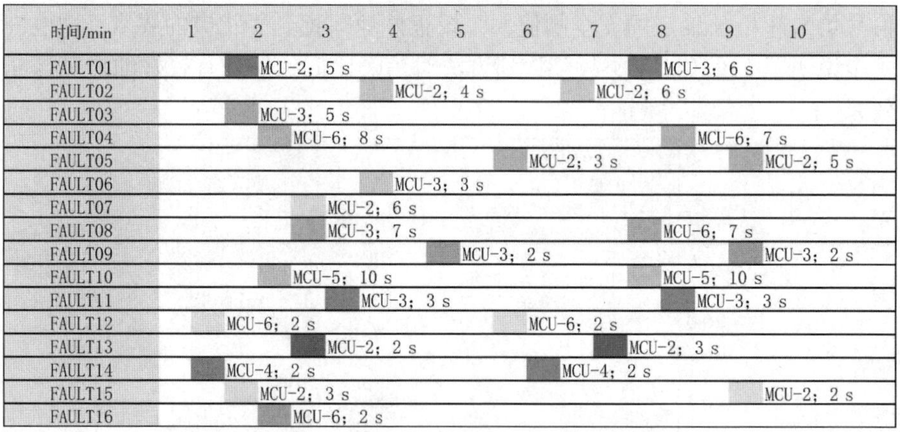

时间/min 1 2 3 4 5 6 7 8 9 10
FAULT01 MCU-2；5 s MCU-3；6 s
FAULT02 MCU-2；4 s MCU-2；6 s
FAULT03 MCU-3；5 s
FAULT04 MCU-6；8 s MCU-6；7 s
FAULT05 MCU-2；3 s MCU-2；5 s
FAULT06 MCU-3；3 s
FAULT07 MCU-2；6 s
FAULT08 MCU-3；7 s MCU-6；7 s
FAULT09 MCU-3；2 s MCU-3；2 s
FAULT10 MCU-5；10 s MCU-5；10 s
FAULT11 MCU-3；3 s MCU-3；3 s
FAULT12 MCU-6；2 s MCU-6；2 s
FAULT13 MCU-2；2 s MCU-2；3 s
FAULT14 MCU-4；2 s MCU-4；2 s
FAULT15 MCU-2；3 s MCU-2；2 s
FAULT16 MCU-6；2 s

图 5－42　故障诊断的资源调用与耗时情况

综上所述，基于聚类与专家系统的 CA-FDES 故障诊断系统对具有多故障诊断任务的系统有较好的诊断效果，可以对深海探采装备这样信噪比低且复杂的系统完成全系统的故障诊断。

5.6　本章小结

本章介绍了一些专家系统方面的基本概念、基本思想和方法策略。

智能代理（Agent）是一个一定意识的独立个体，能独立自主地完成一定的任务。Agent 除了具备一定的独立自主能力，还可以通过一定的通信与其他 Agent 协作，以更好地完成自己的意图。

为了解决各子系统的故障诊断问题并兼顾全局的故障诊断，将 Agent 思想与传统专家系统思想相结合构造出了故障专家 Agent，该结构将专家系统的推理机与 Agent 的决策器相结合形成了 Agent 推理机。故障专家 Agent 通过 Agent 通信层与其他 Agent 进行通信。

为了将各故障专家 Agent 联合起来、实现全局的故障诊断，引入全局黑板的概念，并加入一个管理 Agent，实现了全系统的构建，最终形成了一个集聚类故障诊断思想、专家系统思想与智能代理（Agent）为一体的，能从局部到整体实现全系统故障诊断的故障诊断系统（CA-FDES）。

第6章 应用实例——基于 CA-FDES 的 海底钻机故障诊断及实验研究

现阶段，海底钻机最常用的故障诊断方法是：通过传感器采集设备上的温度、压力、振动等信息，设置各个参数的预警值。当出现报警信息后，由经验丰富的工程师进行分析研判，推测出故障原因及位置，并作出相应的处置。

这种方法实现起来比较简单，但对工程师的知识水平和工程经验要求比较高，可替代性不强，并且需要增加许多辅助的硬件设施，占用空间，增加成本，总体智能化水平较低，无法预测到早期故障。海底钻机属于复杂的机电液系统，十分复杂，作业环境恶劣。即使是高水平、知识经验丰富的工程操作人员也可能出现误判，再熟练的操作人员也可能出现误诊。

为解决此问题，本章首先利用前述章节中的聚类专家故障诊断理论构建出海底钻机 CA-FDES 故障诊断系统，实现对海底钻机的故障诊断。然后，对海底钻机 CA-FDES 故障诊断系统进行实验研究，验证 CA-FDES 故障诊断系统的有效性。

6.1 海底钻机 CA-FDES 总体设计

海底钻机的 CA-FDES 故障诊断系统的构建流程如图 6 – 1 所示。首先，对于需要用时间序列信号进行故障诊断的部件采用本书所提出的聚类故障诊断方法对其进行故障诊断，将故障诊断的结果作为构建多层流模型与故障树模型的一个基本事件，完成对部件的局部故障诊断。

然后，引入 Agent 思想，对传统专家系统的结构进行改造，形成能完成各子系统故障诊断的、有一定自主性的故障专家 Agent。同时，通过 MFM 与 FTA 的建模对整个系统进行故障分析，以获得子系统故障专家 Agent 中知识库与推理机构建所需的专家知识，完成对子系统的故障诊断。

为了完成对整个海底钻机全局的故障诊断，各子系统的故障专家 Agent 通过建立全局的通信黑板平台解决各子系统信息传递和联合决策的问题，并利用管理 Agent 对各 Agent 进行有效的管理，实现全局的故障诊断。

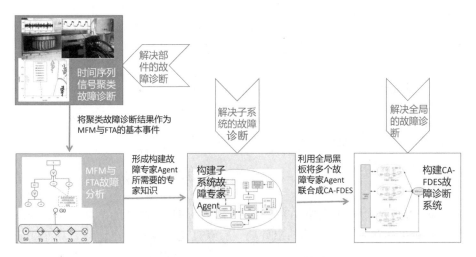

图 6 - 1　海底钻机的 CA-FDES 故障诊断系统的构建流程

6.1.1　基于时间序列信号的局部故障诊断

在海底钻机中需要利用时间序列信号进行故障诊断的部件有：动力头中的旋转马达、减速箱，液压站中的泵与电机，上下卡盘油缸与机械手夹紧油缸。从图 6-1 中可以看出，对时间序列信号的故障诊断包含在故障专家 Agent 中，Agent 状态监测系统捕获到聚类故障诊断结果后，首先会将该结果输送至故障专家 Agent 的推理机中，然后将故障结果输出，完成故障诊断。

6.1.2　海底钻机故障专家 Agent 的构建

在海底钻机的 CA-FDES 开发与设计中，构建故障专家 Agent 需要大量的故障知识作为支撑。故障专家知识通过建立多层流模型与故障树模型获取。获得故障专家知识后，利用获得的专家知识完成故障专家 Agent 知识库与推理机的设计，最终形成基于 Agent 与专家系统的故障专家 Agent。其中，专家知识的获取是构建故障专家 Agent 的关键一步，下面以海底钻机中 2 个典型的故障点为例，阐述海底钻机故障专家知识的获取方法。

6.1.2.1　基于 MFM 的海底钻机故障知识的获取

以海底钻机中的一个典型液压回路——冲洗回路为例，阐述利用 MFM 构建故障知识模型的建模方法。冲洗回路的液压原理如图 6-2 所示。

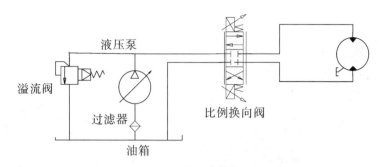

图 6 – 2　冲洗回路的液压原理

该回路实现了海底钻机在钻进过程中的回转钻进的功能，其利用液压泵将液压油经过过滤器从油箱抽出并增压后经过比例换向阀驱动动力头冲洗马达旋转。比例换向阀的功能是依据控制电流设定液压油的流量与大小，进而控制冲洗马达的旋转速度。溢流阀回路起到了安全的作用，当钻进阻力过大，导致液压马达的压力升高，超过了液压泵的允许压力时，溢流阀溢流，通过溢流阀限定最高的可以允许的压力。

此系统的主目标 G_0 是动力头冲洗马达按设定的速度旋转。要实现 G_0 目标有 2 种工作状态：一种状态为当旋转速度低于目标速度时，需要增加比例电磁阀的电流，增大阀芯的通流能力；另一种状态为当旋转速度高于目标速度时，需要减少比例电磁阀的电流，减小阀芯的通流能力。

现以第一种状态建立多层流模型，冲洗马达低转速物理部件对应的功能目标如表 6 – 1 所示。该目标形成物质流网络，用 IN_0 表示。

表 6 – 1　冲洗马达低转速物理部件对应的功能目标

功能	功能目标描述
G_0	动力头冲洗马达按设定速度旋转
S_0	油箱提供海底钻机动力头冲洗马达所需的液压油
T_0	液压吸油过滤器按设定需要传输的液压油
T_1	液压泵传输供给液压油
B_0	液压油从液压泵出口传送至安全溢流阀和电比例换向阀
Z_0	安全溢流阀阻碍液压油传送至油箱
T_2	比例换向阀传输液压油
Z_1	在外力阻力作用下冲洗马达阻碍液压油传输

续上表

功能	功能目标描述
C_0	油箱容纳液压油

需要实现对比例换向阀的控制，定义为目标 G_1，该目标向 T_2 提供支持。

G_1：增大比例阀电磁铁的电流。

OB_0：冲洗马达的转速。

T_3：转速信号传送至控制台显示界面。

D_0：操控人员作出决策。

T_4：操控人员传达增加比例阀电磁铁电流的命令。

ACT_0：调节控制比例电磁铁的控制旋钮，增大电磁铁电流。此目标形成信息流网络，用 IN_1 表示。

此外，为了液压泵的运行，将需要向带动液压泵的电机提供动力设为目标 G_2。

G_2：向液压泵驱动电机供电。

S_1：电源供电。

T_5：电缆传输电力。

C_1：液压泵电机获得电力。

此目标形成能量流网络，用 IN_2 表示。

按照钻进冲洗系统的信息、能量和物质的流动方式连接其功能、目标和条件等关系，最终建立的 MFM 如图 6 - 3 所示。

相应地，可以建立在降低转速时的 MFM，如图 6 - 4 所示。与上一阶段唯一的不同之处是将上一阶段的 T_2 传输功能变成了 Z_2 的阻碍功能，其他功能的建模一致。

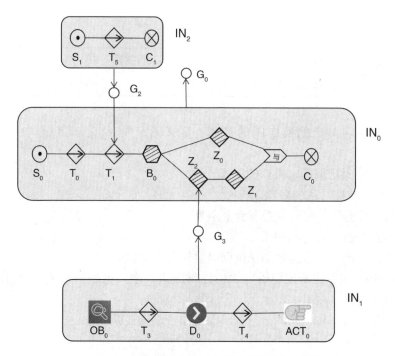

图 6 - 3   增大转速阶段冲洗回路的多层流模型

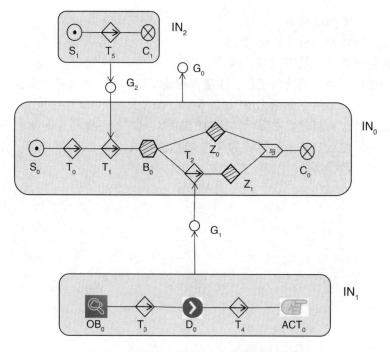

图 6 - 4   降低转速阶段冲洗回路的多层流模型

通过建模实例可以看出，多层流模型利用图形可以直观可视化的特点，清晰地将系统的功能组织、功能变化与实现的预期目标表现出来。基于守恒原理，利用 MFM 层次化的结构关联关系，可以非常容易地预判系统中的某一功能缺失后对其他功能以及系统目标的影响情况。在此模型基础上，可以利用报警分析方法对系统进行分析，并依据分析结果形成专家知识规则。

6.1.2.2　基于 FTA 的海底钻机故障知识的获取

以海底钻机水下控制系统的配电系统为例构建模糊故障树。对海底钻机的供电包含动力电与控制电，动力电负责驱动 3000 V 的高压电机，控制电负责保障水下控制系统的正常运行。选择"水下控制系统电源供电异常"为顶事件，通过供电原理分析，建立如图 6 - 5 所示的故障树。图中，T 为顶事件，M 为中间事件，x 为基本事件。

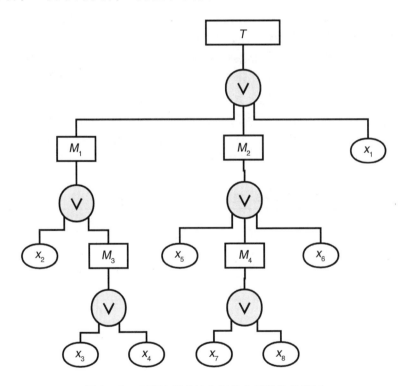

图 6 - 5　水下控制系统电源供电异常的故障树

图 6 - 5 中，各事件变量表示的含义如表 6 - 2 所示。

表6-2　电源供电异常故障树中的变量含义

变量	含义	变量	含义
T	水下控制系统电源供电异常	x_4	水下接触器触线圈断路
M_1	水下变压系统故障	x_5	甲板变压器线圈断路
M_2	甲板变压系统故障	x_6	甲板变压系统保险丝熔断
x_1	水下控制系统电源损坏	M_4	甲板接触器故障
x_2	水下变压器线圈断路	x_7	甲板接触器触点损坏
M_3	水下接触器故障	x_8	甲板接触器触线圈断路
x_3	水下接触器触点损坏		

　　在为水下控制系统供电的系统中，各个元件发生故障的概率和所造成故障的严重情况都有一定的模糊性，需要对供电系统故障进行模糊分析，即获取 T-S 模糊门规则与对各个现象的模糊处理。以 M_3 为例获取"T-S 门 4"的模糊门规则见表6-3，最终建立的模糊故障树，如图6-6所示。

　　在图6-6中，除逻辑门外其中各事件变量表示的含义见表6-3，其中的 5 个逻辑门的含义如下：T-S 门 1 为 M_1、M_1 和 x_1 的模糊或；T-S 门 2 为 M_3 和 x_2 的模糊或；T-S 门 3 为 x_5、M_4 和 x_6 的模糊或；T-S 门 4 为 x_3 和 x_4 的模糊或；T-S 门 5 为 x_7 和 x_8 的模糊或。

表6-3　接触器 T-S 模糊门的规则

规则	x_3	x_4	M_3		
			0	0.5	1
1	0	0	1	0	0
2	0	0.5	0.2	0.5	0.3
3	0	1	0	0	1
4	0.5	0	0.2	0.3	0.5
5	0.5	0.5	0.4	0.4	0.2
6	0.5	1	0	0	1
7	1	0	0	0	1
8	1	1	0	0	1
9	1	0.5	0	0	1

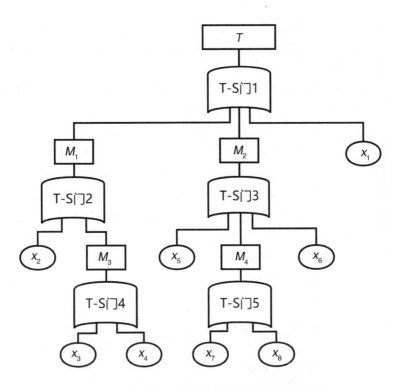

图 6-6　水下控制系统电源供电异常的模糊故障树

　　在对"水下控制系统电源供电异常"这个顶事件构建的故障树中不难发现，在整个故障树中只有"或"，即该故障树的最小割集为 $\{x_1\}$、$\{x_2\}$、……、$\{x_8\}$。

　　构建海底钻机故障诊断专家系统时，当海底钻机系统中一个或者多个元部件产生故障时，由于每个元器件发生异常的情况会有所不同，系统故障的发生具有一定的模糊性。故障的严重程度有严重与轻微之分，这就需要按照前面提到的方法建立模糊故障树，利用式（5-24）和式（5-25）对系统进行模糊概率分析和模糊可能性分析，并以此分析结果为依据形成专家知识。

6.1.3　海底钻机 CA-FDES 的总体结构

　　海底钻机 CA-FDES 故障诊断系统的核心是按照 CA-FDES 的思想方法构建出一个包含聚类故障诊断思想、Agent 思想和专家系统思想的故障专家Agent，以解决子系统的故障诊断问题，同时基于 Agent 的通信功能，通过各 Agent 的沟通与协调实现全局的故障诊断。海底钻机系统包含水下与水上的多个子系统，为提高故障诊断系统的建模效率，海底钻机的故障诊断采用模块化的设计思想。

将海底钻机按功能进行划分，可以分为甲板操控台、水下机械液压系统、水下电控系统（图 6 - 7）和配电系统这 4 个功能系统，对应地，每个功能系统设置一个基于专家系统思想的故障专家 Agent。在水下电控系统中设置有专用的主控计算单元，可以独立完成一定的计算量，水下电控系统故障专家 Agent 和水下机械液压 Agent 设置在其中。甲板操控台故障专家 Agent 与配电系统故障专家 Agent 设置在操控台的工控机中。每个功能系统中均安装有数据采集卡或采集器，与主控计算单元或网络交换机相连。系统中的交换机将整个实验系统组成一个局域以太网结构实现各部分的通信。深海压力传感器及其数据采集卡如图 6 - 8 所示。

构建出每个故障专家 Agent 后，形成海底钻机全局故障诊断系统，其总体结构如图 6 - 9 所示。

图 6 - 7　水下高压仓内的水下电控系统

图 6-8　深海压力传感器及其数据采集卡

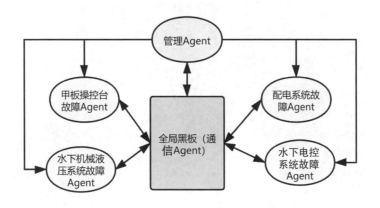

图 6-9　海底钻机 CA-FDES 故障诊断系统的总体结构

　　海底钻机故障诊断系统除了有以上所提到的甲板操控台故障专家 Agent、水下机械液压系统故障专家 Agent、水下电控系统故障专家 Agent 和配电系统故障专家 Agent 这 4 个诊断 Agent，还有 2 个 Agent：管理 Agent 和通信 Agent。故障专家 Agent 用于完成各个子系统的故障诊断，定位各系统的故障点，查询故障原因，从而完成相应的故障诊断。系统管理 Agent 由系统调度机、任务内容分发器、系统检测器组成，再加上部分黑板结构和通信传输接口，便构成了一个系统。系统管理 Agent 主要负责故障诊断系统中各 Agent 的协调，当某个子系统的故障诊断需要其他子系统的信息时，需要管理 Agent负责信息的协调并作出决策，管理 Agent 体现了全局故障诊断的策略与思路。

6.2　海底钻机 CA-FDES 实验研究

6.2.1　实验系统

本次实验对象为海底中的深孔钻机，整个实验全部在实验室完成，实验现场如图 6-10 所示。海底钻机的配电系统与通信系统和实际海底作业所需配置保持基本一致。在实验室条件下，水下配电系统与水下电控系统共用通信与计算接口，水下电控系统将数据上传至实验室操控台工控机之后再将数据与水面配电系统的数据组合传输至配电系统故障专家 Agent。

图 6-10　实验现场

6.2.2 故障信号的采集

数据采集是保证故障诊断专家系统完成故障诊断的基础，为故障诊断提供数据支撑，保证数据采集的准确性与高效性是实现其他功能的前提。从图 2-3 中可看出，用于故障诊断的信号主要包含 2 类：连续型时间序列信号（如振动、压力和温度等）和离散型状态信号（如液压阀的开关状态、继电器的通断状态和漏水传感器信号等）。

海底钻机采用的主要数据采集卡为 PXI 系列数据采集卡。数据采集卡的主要作用是对被采集的海底钻机传感器对象进行数据的收集和传递，必要时做一定的预处理。用于采集海底钻机液压与水下压力的深海专用压力传感器及对压力数据进行处理的 PXI 数据采集卡如图 6-8 所示。数据采集程序设计使用 Labview 软件完成，如图 6-11 所示。专家 Agent 程序及 GG 聚类分析程序分别使用 C# 与 MATLAB 程序语言实现。

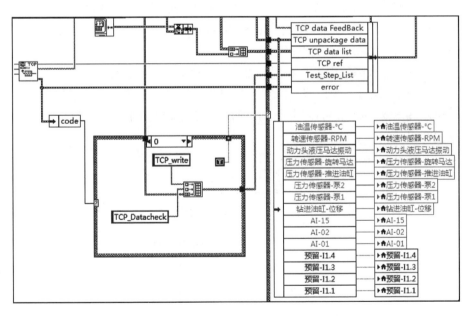

图 6-11 基于 Labview 的数据采集程序

6.2.3　基于人为故障的实验室实验

为验证本书所提出的故障诊断方法的有效性，设置两部分实验。第一部分为基于人为故障的实验室现场实验。此外，有一些故障不太好人为模拟，如海底钻机减速箱故障、深水电机轴承故障等，这些部件造价昂贵，即便设置人为故障后所得数据的可信度也不一定理想。基于此，对海底钻机中振动时间序列信号的故障诊断通过公共数据进行故障诊断，作为海底钻机故障诊断有效性验证的第二部分实验。

实验中，人为设置3个分属于3个故障专家 Agent 的故障点：水下机械液压 Agent 中的下卡盘油缸泄漏，配电系统 Agent 中的水下配电系统继电器线圈断路，电控系统 Agent 中的水下照明灯继电器电源短路。第一个故障采集到的信号为时间序列信号，需要预先进行聚类分析，后2个离散型的状态信号，可以由 Agent 中的状态监测系统捕获。

离散型故障的设置方式如下："水下配电系统继电器线圈断路"这个故障点利用人为的方式将其线圈切断来实现；而"水下照明灯继电器电源短路"故障人为地将正、负电极相连。

油缸泄漏故障的设置是利用节流阀模拟泄漏。下卡盘夹紧时需要左、右2个油缸同步推进，为设置故障点，利用节流阀将其中的一个油缸的2个油口相连（图6-12）。可以通过设置节流阀的通流能力来模拟油缸泄漏的严重程度。

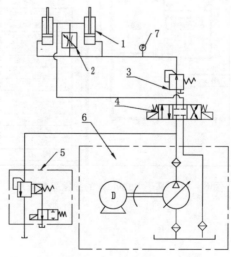

1. 下卡盘油缸；2. 模拟泄漏用节流阀；3. 减压阀；4. 换向阀；5. 电磁溢流阀；
6. 液压站；7. 压力传感器

图6-12　模拟油缸泄漏的液压原理

　　油缸的故障诊断采用的是压力时间序列信号。油缸运行时，不同的泄漏程度会有不同的压力冲击刚度，不同的冲击刚度会体现在油缸压力信号中，因此可以采集油缸压力时间序列信号对油缸的泄漏程度进行故障诊断。要对时间序列信号进行故障诊断就需要利用聚类故障诊断方法对其进行预先故障诊断。利用如图 6-8 所示的压力传感器进行压力信号的采集，并利用水下电控系统的数据采集模块对数据进行处理后输入到水下机械液压故障专家 Agent 中；经 Agent 中的聚类故障诊断模块进行故障诊断后，由 Agent 的状态监测模块捕获聚类故障诊断的结果，再将故障结果输入至 Agent 推理机中判断出故障原因与故障位置，并通过人机界面显示在操控台显示界面上。CA-FDES 故障诊断的内部运行机制如图 6-13 所示。

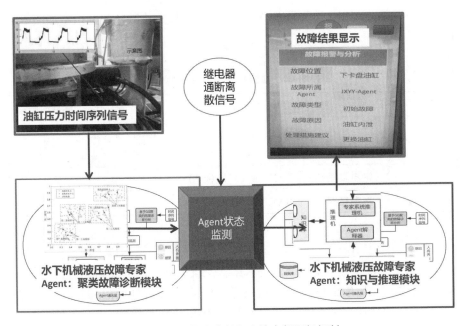

图 6-13　故障诊断程序的内部运行机制

　　实验中使用的油缸内径为 50 mm，夹紧回路减压阀设定压力为 6 MPa。通过节流阀开口大小的调节设置 4 种实验工况：第一种工况为节流阀完全关闭，油缸处于正常泄漏状态；第二种工况旋转调节节流阀 0.3 圈；第三种工况节流阀开启 0.6 圈；第四种工况节流阀开启 0.9 圈。利用压力传感器对无杆腔的压力进行测试，采样频率为 500 Hz，采样周期为 3 个夹紧周期，采集到的压力信号如图 6-14 所示。

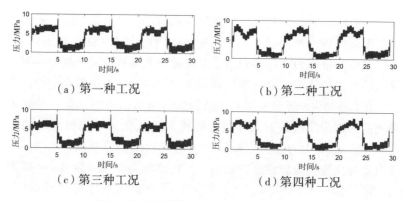

(a) 第一种工况　　　　　　　　　(b) 第二种工况

(c) 第三种工况　　　　　　　　　(d) 第四种工况

图 6 – 14　不同故障工况下的油缸压力信号

3 个故障分布于 3 个不同的 Agent 中，3 个故障诊断任务的信息如表 6 – 4 所示。

表 6 – 4　实验故障诊断任务的信息

诊断任务	资源需求	标准时长/s
FDmission – 1（油缸泄漏）	RAM – 1（甲板工控机），RAM – 2（水下主控板），man	8
FDmission – 2（继电器断路）	RAM – 4（扩展板 1）	3
FDmission – 3（电源短路）	RAM – 5（扩展板 3）	3

为了实验多 Agent 故障诊断的运行效果，故障设置为以下流程：油缸泄漏处于第一工况下运行 2 min 后进入第二工况，运行 5 min 后制造继电器断路故障，2 min 后取消继电器断路故障，1 min 后设置电源短路故障，再过 1 min 后，油缺泄漏进入第三工况并制造继电器断路故障，5 min 后油缸泄漏故障进入第四工况。

先进行实验前的系统安全检查，等确认无误后，接通系统电源开关，启动操控台工控机。在操控台上启动故障诊断程序，点击故障诊断系统主页面上的初始化按钮将系统进行初始化，并启动海底钻机的控制程序。

在检查操作台无安全报警后，可以启动配电系统并启动电机，开始钻进操作，在钻进过程中观测钻机的作业参数以及实时状态的监测参数。此时 CA-FDES 会采集实验油缸的压力信号数据，并对数据进行聚类分析。

完成实验后，4 种工况的故障聚类分析结果如图 6 – 15 所示。从图 6 –

15 可以看出，聚类分析对每类数据进行了准确的分类。但在实验过程中发现：在第一种工况和第二种工况下，诊断系统并未对油缸泄漏故障进行报警，直到第三种工况和第四种工况时才出现了报警信息。考虑到工程实际中存在着一定的系统随机性，在故障诊断系统中设置了一个故障安全阈度值，只有超过该阈度值时才报警，避免出现频繁的故障误报，干涉设备的正常作业。此外，当设置有电源短路故障及继电器断路故障时，系统对相应故障进行了报警。

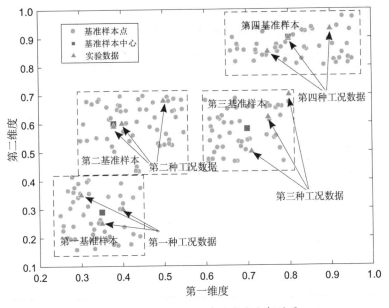

图 6-15　油缸泄漏故障的聚类分析结果

对第三种工况下节流阀的通流能力进行测定：将该节流阀的进油端接入压力油为 6 MPa 的压力回路，另一端接入量器，5 h 后，容器中的液压油为 960 mL。此种工况下节流阀的通流能力为 3.2 mL/min。以相同方式测得第二种工况、第四种工况下节流阀的通流能力分别为 2.5 mL/min 和 5 mL/min。对于海底钻机而言，当油缸的内泄量在 3.2 mL/min 以下时，可以满足功能需求，因此本次实验设置的安全阈度值是合理的。

6.2.4　半实物模拟性实验

动力头的主要部件为主轴和一系列轴承，其结构组成和信号特点与凯斯西储大学的实验台及其获得的数据相似。本次模拟性实验将采用凯斯西储大学轴承数据中心的内圈故障时间序列信号数据代替海底钻机动力头中减速箱的振动数据进行实验室现场实验。采用 CA-FDES 故障诊断系统对数据进行处理得出故障诊断的运行机制与 6.2.3 节油缸泄漏的故障诊断类似，如图 6 - 13 所示。

实验过程中采用 5 种故障严重程度下的数据：第一组数据为正常状态；第二组数据为当内圈故障，直径为 0.007 in；第三组数据为内圈故障，直径为 0.014 in；第四组数据为内圈故障，直径为 0.021 in；第五组数据为内圈故障，直径为 0.028 in。5 组数据的电机功率为 1.47 kW，电机转速均为 1772 r/min，采集到的振动信号如图 6 - 16 所示。

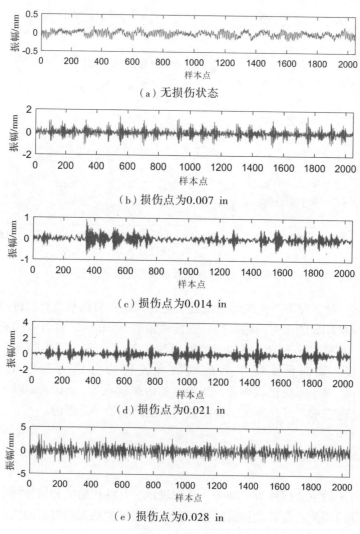

（a）无损伤状态

（b）损伤点为0.007 in

（c）损伤点为0.014 in

（d）损伤点为0.021 in

（e）损伤点为0.028 in

图 6 - 16　不同内圈损伤程度的振动信号

　　将第一组数据与海底钻机 CA-FDES 中的水下机械液压故障专家 Agent 中的聚类故障采集模块连接，并由故障专家 Agent 中的状态监测系统捕获故障诊断结果。其他的 Agent 内部需要采集的参数设置为正常值或对其进行屏蔽。让 CA-FDES 运行时间不低于 5 min，观察故障诊断系统是否报警并提示故障原因与位置。以此类推，对其他有故障的 4 组数据进行实验。对每组数据进行聚类分析得出的聚类结果如图 6 – 17 所示，可以看出，CA-FDES 对每种故障均完成了较为准确的分类。

　　通过以上方式进行实验后发现，第一组正常轴承数据与第二组数据输入到系统后未出现报警的情况，当其他 3 组数据输入系统运行至 5 min 左右时，出现了报警提示。从实验结果来看，未对第二组数据进行报警，原因与前文所提到的故障诊断安全阈度值的设置有关。在工程实际中可以根据需要设置故障诊断系统的故障报警阈值，以满足工程需要。

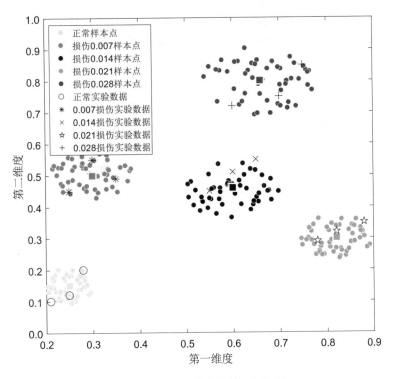

图 6 – 17　聚类故障诊断运行结果

　　从以上实验结果来看，海底钻机 CA-FDES 在设置的安全阈度值范围内可以准确地对故障进行分类，有较好的故障诊断效果。

综合上述两部分实验可以看出，基于本书提出的故障诊断思想所构建的海底钻机 CA-FDES 专家故障诊断系统具有较好的故障诊断能力，可以在一定程度上为保障海底钻机的健康稳定与故障排除提供有力的支撑。

6.3　本章小结

不同型号海底钻机的结构组成形式不唯一，但不论是哪种形式都包含水下部分与水上部分。中间通过铠装光电复合缆将水下部分与水上部分连接起来。水上部分主要以操控台为核心，完成对整个系统的操控与监测。水下部分涉及机械系统、液压系统与控制系统。机械系统、液压系统完成具体作业动作，水下测控系统完成对水下部分的控制与监测。整个系统由配电系统提供能量支持，配电系统也包含水下部分与水上部分。

针对海底钻机系统的结构特点，构造出海底钻机 CA-FDES 故障诊断系统。海底钻机各部分设置有一个故障专家 Agent 对其进行故障诊断，每个故障专家 Agent 内嵌有专家系统和聚类故障诊断模块。聚类故障诊断模块用于对海底钻机采集到的时间序列信号进行故障分析。基于多层流模型与故障树分析技术获取故障专家 Agent 中所需要的专家知识。专家系统的推理机与 Agent 的决策器相结合形成了 Agent 推理机。专家系统 Agent 通过 Agent 通信层与其他 Agent 进行通信。

对海底钻机 CA-FDES 故障诊断系统在实验室进行了实验，其结果表明，本书所构建的全局故障诊断系统有较好的故障诊断效果，可以在一定的程度上为海底钻机的健康稳定与故障排除提供有力的支撑。

第 7 章 总结与展望

7.1 总结

本书以解决深海探采装备系统故障诊断中的技术难点为目标，针对深海探采装备中的低信噪比信号，提出了 EPL-GG 聚类故障诊断方法。在对 EPL-GG 聚类故障诊断方法进行研究的基础上，为了进一步提高聚类故障诊断方法的有效性提出了一种特征选择方法（CvrH 特征选择方法），以实现不同工况下最优特征的选择。在通过聚类分析解决了局部性质的故障诊断问题后，综合运用聚类故障诊断思想、专家系统思想及智能 Agent 思想，构建出了用于解决从局部到整体的全局性质的故障诊断系统（CA-FDES 故障诊断系统），有效地实现了对深海探采装备的故障诊断。

本书研究的成果及结论如下。

（1）对比研究了用于对时间序列信号进行预处理和信息深度挖掘的 3 种信号分解方法以及 3 种熵值特征，探究了 3 种聚类算法对有效特征的聚类效果，通过多组合策略对比分析研究形成了一种聚类故障诊断方法（PL-GG 聚类故障诊断方法）。该方法对低信噪比信号具有较好的故障诊断效果，可以有效地解决对深海探采装备中低信噪比信号的故障诊断问题。

（2）本书提出了一种特征选择方法（CvrH 特征选择方法）。该方法通过设置合理阈值，利用卡方检验、方差与 Relief-F 联合权重以及层次聚类选出了最优特征，并分析研究了最优阈值参数的选择问题，利用最优阈值参数的设置选出了不同对象、不同工况下的最优特征。该特征选择技术可以提高故障诊断的准确性、实时性和鲁棒性。

（3）本书将专家系统与智能代理（Agent）相结合设计出了故障专家 Agent，并利用多层流模型和故障树模型对全系统进行分析，获取了故障专家 Agent 中所需要的专家知识。还通过引入全局黑板思想，将各个故障专家 Agent 联合形成了一个整体，构建出了一个多 Agent 的全局故障诊断系统（CA-FDES 故障诊断系统）。同时，采用马尔可夫决策模型解决系统对软硬件资源的指挥与调度，以高效地处理来自各部件的故障诊断问题。

（4）利用 MFM 和 FTA 故障分析手段对深海探采装备进行故障分析，

获取深海探采装备故障 Agent 所需要的专家知识，构建出了基于多 Agent 的深海探采装备 CA-FDES 故障诊断系统，完成了实验室实验，得出了较好的故障诊断结果。实验结果表明，CA-FDES 故障诊断系统可以较好地完成对深海探采装备的全局故障诊断。

7.2　创新点

本书研究的创新点如下。

（1）针对深海探采装备中低信噪比信号的故障诊断，提出了 EPL-GG 聚类故障诊断方法。该方法首先对时间序列信号进行分解，完成了对信号的预处理和信息深度挖掘；其次，提取各分量的熵值获得了熵值特征向量，并利用 LDA 降维获得了有效的特征参数；最后，将有效的特征输入 GG 聚类算法中识别出了故障。

（2）为了更进一步提高聚类诊断的有效性，创新性地提出了一种特征选择方法（CvrH 特征选择方法）。该方法首先对时间序列信号进行分解后的分量再进行时频分析，计算其多重特征参数，得到了高维特征矩阵。然后，通过设置合理阈值，利用卡方检验、方差与 Relief-F 联合权重以及层次聚类选出了最优特征。该方法通过最优阈值参数的设置选择出了不同对象、不同工况下的最优特征，实现了对无关特征和非敏感特征的"清洗"。

（3）为了实现深海探采装备从局部到全系统、全方位的综合故障诊断，本书提出了一个多 Agent 的全局故障诊断系统（CA-FDES）。该系统首先将聚类故障诊断方法、智能代理（Agent）与专家系统相结合形成了一个建立在子系统上的故障专家 Agent。然后，利用全局黑板思想将各个故障专家 Agent 联合形成一个有机的整体，构建出了一个多 Agent 的全局故障诊断系统。该故障诊断系统既能解决局部故障诊断问题，又能解决全局故障诊断问题。

（4）完成了 CA-FDES 故障诊断系统在深海探采装备中的应用研究。首先建立了针对深海探采装备的多层流模型与故障树模型，然后成功构建了深海探采装备 CA-FDES 故障诊断系统，并通过实验研究验证了 CA-FDES 故障诊断系统在深海探采装备故障诊断中的有效性。

7.3　研究展望

本书针对大型高复杂度、强非线性系统的故障诊断问题，提出了一些新

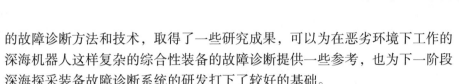

的故障诊断方法和技术，取得了一些研究成果，可以为在恶劣环境下工作的深海机器人这样复杂的综合性装备的故障诊断提供一些参考，也为下一阶段深海探采装备故障诊断系统的研发打下了较好的基础。

但由于时间和精力有限，还有许多问题尚待更进一步解决，笔者认为在以下三个方面还有待做进一步的研究。

（1）在提取信号特征时，本书使用到的是时域、频域中常用的统计特征，在后续工作中可以利用人工智能的方法形成代表信号特性的特征，再利用本书的特征选择方法对其进行筛选，以提高聚类故障诊断在不同工况下的适应能力。

（2）实际系统是十分复杂的，多层流模型只能无限地接近实际系统。为了更好地表示某些复杂的系统，在后续的工作中可以通过增加逻辑规则以及物质流和信息流的种类和属性来构建模型，使模型更接近实际系统。多层流模型与故障树模型均属于图形化的故障分析方法，在构建 CA-FDES 故障诊断系统时，为了提高系统的实用性，在后续的工作中可以在 CA-FDES 故障诊断系统中嵌入一个专门用于 MFM 和 FTA 图形化建模可视化的模块，以方便及时地更新和维护故障知识与规则。

（3）本书所建立的故障诊断系统只针对深海探采装备系统建立局域网，以完成多 Agent 专家故障诊断系统的构建。在已进入万物互联时代的今天，可以要求科考船上的装备能与陆地深海基地实现实时通信，并实时监测到科考船上装备的运行状态。在后续的工作中，可以建立一个远程分布式故障诊断系统，将每个设备的 CA-FDES 故障诊断系统作为其中的一个终端。这样，通过陆地与海洋之间的信息共享可以提高故障诊断效率，以更好地保障作业安全。

参 考 文 献

[1] 陈明义. 努力建设海洋强国 [J]. 福建论坛（人文社会科学版），2012, 21（12）: 5 - 7.

[2] 陈奇, 耿雪樵, 万步炎, 等. 基于海底钻机的多功能原位测试系统开发与应用 [J]. 湖南科技大学学报（自然科学版），2017, 32（3）: 10 - 15.

[3] 陈仁祥, 汤宝平, 吕中亮. 基于相关系数的 EEMD 转子振动信号降噪方法 [J]. 振动、测试与诊断，2012, 32（4）: 542 - 546.

[4] 程学龙, 朱大奇, 孙兵, 等. 深海载人潜水器推进器系统故障诊断的新型主元分析算法 [J]. 控制理论与应用，2018, 35（12）: 95 - 103.

[5] 董虎胜. 主成分分析与线性判别分析两种数据降维算法的对比研究 [J]. 现代计算机（上半月版），2016, 12（10）: 36 - 40.

[6] 冯辅周, 司爱威, 饶国强, 等. 基于小波相关排列熵的轴承早期故障诊断技术 [J]. 机械工程学报，2012, 48（13）: 73 - 79.

[7] 何小晨, 徐守时, 谭勇. 模糊算子在遥感图像特征提取中的应用 [J]. 红外与激光工程，2001, 30（4）: 183 - 186.

[8] 胡广地, 刘丛志. 基于模型的 SCR 车载故障诊断策略 [J]. 内燃机学报，2019, 37（4）: 374 - 383.

[9] 黄亮, 侯建军, 刘颖. 模拟电路层次聚类故障分析与马氏距离故障诊断 [J]. 电子测量与仪器学报，2010, 3（7）: 610 - 615.

[10] 贾拉塔诺, 赖利. 专家系统原理与编程 [M]. 北京: 机械工业出版社，2000.

[11] 蒋军成, 郭振龙. 安全系统工程 [M]. 北京: 化学工业出版社，2004.

[12] 蒋沁宇. 基于振声信号的设备故障诊断算法研究 [D]. 济南: 山东大学，2021.

[13] 金传伟. 缺陷诊断专家系统推理控制策略的研究 [J]. 茂名学院学报，2002, 12（1）: 13 - 17.

[14] 雷亚国. 混合智能技术及其在故障诊断中的应用研究 [D]. 西安: 西安交通大学，2007.

[15] 李超顺，周建中，肖剑，等. 基于引力搜索核聚类算法的水电机组振动故障诊断 [J]. 中国电机工程学报，2013，26（2）：98－104.

[16] 李晗，萧德云. 基于数据驱动的故障诊断方法综述 [J]. 控制与决策，2011，26（1）：1－9，16.

[17] 李昊，阳春华，王随平. 集成神经网络在深海集矿机故障诊断中的应用 [C] //04' 中国企业自动化和信息化建设论坛暨中南六省区自动化学会学术年会专辑. 北京：中国自动化学会专家咨询工作委员会，2004.

[18] 李树枝，禾锋. 美国制造新型海底钻机 [J]. 国外探矿工程情报，1990，6（2）：25－26.

[19] 刘长良，武英杰，甄成刚. 基于变分模态分解和模糊 C 均值聚类的滚动轴承故障诊断 [J]. 中国电机工程学报，2015，35（13）：3358－3365.

[20] 刘富樯，徐德民，高剑，等. 水下航行器执行机构的故障诊断与容错控制 [J]. 控制理论与应用，2014，31（9）：1143－1150.

[21] 孟晨，杨华晖，王成，等. 数据驱动的武器系统电子元部件级故障诊断 [J]. 系统工程与电子技术，2021，43（2）：574－583.

[22] 孙才新，郭俊峰，廖瑞金，等. 变压器油中溶解气体分析中的模糊模式多层聚类故障诊断方法的研究 [J]. 中国电机工程学报，2001，21（2）：37－41.

[23] 万步炎，黄筱军. 深海浅地层岩芯取样钻机的研制 [J]. 矿业研究与开发，2006，26（z1）：49－51.

[24] 汪欣，毛东兴，李晓东. 基于声信号和一维卷积神经网络的电机故障诊断研究 [J]. 噪声与振动控制，2021，41（2）：125－129.

[25] 王久崇，位占杰. 融入模糊推理的新型故障树诊断方法 [J]. 计算机测量与控制，2016，24（10）：125－127，130.

[26] 王敏生，黄辉. 海底钻机及其研究进展 [J]. 石油机械，2013，41（5）：105－110.

[27] 王随平，张彤，宁小玲. 基于集成神经网络的深海机器人故障诊断研究 [J]. 计算机测量与控制，2010，18（4）：773－775.

[28] 吴海桥，刘毅，丁运亮，等. 专家系统软件开发生存期模型分析 [J]. 计算机工程与应用，2001，37（20）：12－13，57.

[29] 吴今培，肖健华. 智能故障诊断与专家系统 [M]. 北京：科学出版社，1997.

[30] 吴明强，史慧，朱晓华，等. 故障诊断专家系统研究的现状与展望 [J]. 计算机测量与控制，2005，13（12）：1301-1304.

[31] 许凡，方彦军，张荣. 基于 EEMD 模糊熵的 PCA-GG 滚动轴承聚类故障诊断 [J]. 计算机集成制造系统，2016，22（11）：2631-2642.

[32] 杨波，刘烨瑶，廖佳伟. 载人潜水器：面向深海科考和海洋资源开发利用的"国之重器" [J]. 中国科学院院刊，2021，36（5）：622-631.

[33] 姚成玉，张荣驿，王旭峰，等. T-S 模糊故障树重要度分析方法 [J]. 中国机械工程，2011，22（11）：1261-1268.

[34] 岳士弘，荣西拉，马海涛，等. 基于模糊算子的电学层析成像算法 [J]. 天津大学学报，2021，54（2）：179-185.

[35] 张汉泉，陈奇，万步炎，等. 海底钻机的国内外研究现状与发展趋势 [J]. 湖南科技大学学报（自然科学版），2016，31（1）：1-7.

[36] 张晓刚. 习近平关于海洋强国重要论述的建构逻辑 [J]. 深圳大学学报（人文社会科学版），2021，38（5）：22-30.

[37] 周东华，刘洋，何潇. 闭环系统故障诊断技术综述 [J]. 自动化学报，2013，39（11）：1933-1943.

[38] HAMEED Z, HONG Y S, CHO Y M, et al. Condition monitoring and fault detection of wind turbines and related algorithms: a review [J]. Renewable and sustainable energy reviews, 2009, 13 (1): 1-39.

[39] ABBASI Z, RAHMANI M, GHAFFARIAN H. Ifsb-relieff: a new instance and feature selection algorithm based on relieff [J]. Signal and data processing, 2021, 17 (4): 49-66.

[40] ALBERTUS M. Asymptotic Z and chi-squared tests with auxiliary information [J]. Metrika, 2022, 85 (7): 859-883.

[41] ALESSANDRI A, CACCIA M, VERUGGIO G. Fault detection of actuator faults in unmanned underwater vehicles [J]. Control engineering practice, 1999, 7 (3): 357-368.

[42] TANAKA H, FAN L T, LAI F S, et al. Fault-tree analysis by fuzzy probability [J]. IEEE transactions on reliability, 1983, R-32 (5): 453-457.

[43] ANTONI J. Fast computation of the kurtogram for the detection of transient faults [J]. Mechanical systems and signal processing, 2007, 21 (1): 108-124.

[44] ARBELAITZ O, GURRUTXANA I, MUGUERZA J, et al. An extensive comparative study of cluster validity indices [J]. Pattern recognition, 2013, 46 (1): 243 – 256.

[45] ZARKOVI M, STOJKOVI Z. Analysis of artificial intelligence expert systems for power transformer condition monitoring and diagnostics [J]. Electric power systems research, 2017, 149: 125 – 136.

[46] BALASKO B, ABONYI J, FEIL B. Fuzzy clustering and data analysis toolbox for use with MATLAB [J]. IEEE, 2014, 12 (35): 27.

[47] BERENGUER C, GRALL A, SOARES C G. Advances in safety, reliability and risk management [M]. London: Taylor and Francis group, 2012.

[48] BERREDJEM T, BENIDIR M. Bearing faults diagnosis using fuzzy expert system relying on an improved range overlaps and similarity method [J]. Expert systems with spplications, 2018, 108: 134 – 142.

[49] WANG T, ZHANG M C, YU Q H, et al. Comparing the applications of EMD and EEMD on time-frequency analysis of seismic signal [J]. Journal of applied geophysics, 2012, 83: 29 – 34.

[50] CARVALHO L D P, TORIUMI F Y, ANGÉLICO B A, et al. Model-based fault detection filter for markovian jump linear systems applied to a control moment gyroscope [J]. European journal of control, 2021, 59: 99 – 108.

[51] CHATTOPADHYAY S, BANERJEE S, RABHI F A, et al. A case-based reasoning system for complex medical diagnosis [J]. Expert systems, 2013, 30 (1): 12 – 20.

[52] CHEN C S, LIN C H, TSAI H Y. A rule-based expert system with colored petri net models for distribution system service restoration [J]. IEEE power engineering review, 2002, 22 (10): 59 – 59.

[53] CHEN W, XIANQING L, CHEN J, et al. A new algorithm of edge detection for color image: generalized fuzzy operator [J]. Science in China, 1995, 38 (10): 1272 – 1280.

[54] CHO H J, PARK J K. An expert system for fault section diagnosis of power systems using fuzzy relations [J]. IEEE transactions on power systems, 1997, 12 (1): 342 – 348.

[55] DEARDEN R, ERNITS J. Automated fault diagnosis for an autonomous

under-water vehicle [J]. IEEE journal of oceanic engineering, 2013, 38 (3): 484 – 499.

[56] DU J, WANG S D. Hiberarchy clustering fault diagnosis of hydraulic pump [C] //Proceedings of the 2010 prognostics and system health management conference. Piscataway: IEEE, 2010: 1 – 7.

[57] FAHMY R A, GOMAA R I. Dynamic fault tree analysis of auxiliary feed-water system in a pressurized water reactor [J]. Kerntechnik, 2021, 86 (2): 164 – 172.

[58] FININ T, FRITZSON R, MCKAU D, et al. KQML as an agent communication language [C] //Proceedings of the third international conference on information and knowledge management. New York: ACM, 1994: 456 – 463.

[59] FREUDENTHAL T, WEFER G. Scientific drilling with the sea floor drill rig mebo [J]. Scientific drilling, 2007, 5: 63 – 66.

[60] FUKUYAMA Y, UEKI Y, KANEKO K. Development of an expert system for analyzing faults in power systems based on waveform recognition by artificial neural networks [J]. Electrical engineering in Japan, 2010, 112 (3): 80 – 88.

[61] GAO D, ZHU Y, REN Z, et al. A novel weak fault diagnosis method for rolling bearings based on lstm considering quasi-periodicity [J]. Knowledge-based systems, 2021, 231: 107413.

[62] GENG H. A novel gray clustering filtering algorithms for identifying the false alert in aircraft long-distance fault diagnosis [C] //Proceedings of the 2007 international conference on wavelet analysis and pattern recognition. Piscataway: IEEE, 2007: 862 – 867.

[63] GHOSH A, FREITAS A A. Guest editorial data mining and knowledge discovery with evolutionary algorithms [J]. IEEE transactions on evolutionary computation, 2003, 7 (6): 517 – 518.

[64] GIBONEY J S, BROWN S A, JR J F N. User acceptance of knowledge-based system recommendations: explanations, arguments, and fit [C] //Proceedings the 2012 45th Hawaii internationl coference on system sciences. Washington, DC: IEEE Computer Society, 2012: 3719 – 3727.

[65] GOFUKU A, OHARA A. A systematic fault tree analysis based on multilevel flow modeling [M]. Tokyo: Springer Japan, 2014: 97 – 103.

[66] GOHL K, FREUDENTHAL T, HILLENBRAND C D, et al. MeBo70 seabed drilling on a polar continental shelf: operational report and lessons from drilling in the Amundsen Sea Embayment of West Antarctica [J]. Geochemistry, geophysics, geosystems, 2017, 18 (11): 4235 – 4250.

[67] AMAR M, GONDAL I, WILSON C. Vibration spectrum imaging: a novel bearing fault classification approach [J]. IEEE transactions on industrial electronics, 2015, 62 (1): 494 – 502.

[68] GONG Q Y, ZHAN J, SU X L, et al. Research on the maintenance and common failures of the marine machinery and equipment of the scientific investigation ship [J]. Journal of physics: conference series, 2021, 1802 (2): 022071.

[69] GRASSBERGER P, PROCACCIA I. Measuring the strangeness of strange attractors [J]. Physica Dnonlinear phenomena, 1983, 9 (1/2): 189 – 208.

[70] HAMILTON K, LANE D, TATLOR N, et al. Fault diagnosis on autonomous robotic vehicles with recovery: an integrated heterogeneous-knowledge approach [C] //Proceedings of the 2001 IEEE international conference on robotics and automation. Piscataway: IEEE, 2001: 3232 – 3237.

[71] ISERMANN R. Fault-diagnosis systems [M]. Berlin: Springer, 2006: 13 – 30.

[72] ISERMANN R. Model-based fault-detection and diagnosis-status and applications [J]. Annual reviews in control, 2005, 29 (1): 71 – 85.

[73] ISERMANN R. Supervision, fault-detection and diagnosis methods-a short introduction [M]. Berlin: Springer, 2011.

[74] ISLAM M M, LEE G, HETTIWATTE S N. A nearest neighbour clustering approach for incipient fault diagnosis of power transformers [J]. Electrical engineering, 2017, 99 (3): 1109 – 1119.

[75] JIANG R, CHEN J, DONG G, et al. The weak fault diagnosis and condition monitoring of rolling element bearing using minimum entropy deconvolution and envelop spectrum [J]. Proceedings of institution of mechanical engineers, part C: journal of mechanical engineering science, 2013, 227 (5): 1116 – 1129.

[76] LI J, SHEN S T. Research on the algorithm of avionic device fault diagnosis based on fuzzy expert system [J]. Chinese journal of aeronautics,

2007, 20 (3): 223 - 229.

[77] JONES D O B, WIGHAM B D, HUDSON I R, et al. Anthropogenic disturbance of deep-sea megabenthic assemblages: a study with remotely operated vehicles in the Faroe-Shetland Channel, NE Atlantic [J]. Marine biology, 2007, 151 (5): 1731 - 1741.

[78] JR J D F. Chi-square test [J]. Nutrition, 1982, 33 (6): 642.

[79] KATIPAMULA S, BRAMBLEY M R. Review article: methods for fault detection, diagnostics, and prognostics for building systems—a review, part ii [J]. HVAC&R Research, 2005, 11 (2): 169 - 187.

[80] KOEHLER R. An account of the deep-sea ophiuroidea collected by the royal Indian marine survey [J]. Nature, 2012, 60 (14): 4839 - 4843.

[81] LASJERDI H, NASIRI-GHEIDARI Z, TOOTOONCHIAN F. Online staticdynamic eccentricity fault diagnosis in inverter-driven electrical machines using resolver signals [J]. IEEE transactions on energy conversion, 2020, 35 (4): 1973 - 1980.

[82] LEI Y, HE Z, ZI Y, et al. Fault diagnosis of rotating machinery based on multiple anfis combination with gas [J]. Mechanical systems & signal processing, 2007, 21 (5): 2280 - 2294.

[83] LI D F. A note on using intuitionistic fuzzy sets for fault-tree analysis on printed circuit board assembly [J]. Microelectronics reliability, 2008, 48 (10): 1741.

[84] LIN C E, LING J M, HUANG C L. An expert system for transformer fault diagnosis using dissolved gas analysis [J]. IEEE transactions on power delivery, 1993, 8 (1): 231 - 238.

[85] LIND M, ZHANG X X. Functional modelling for fault diagnosis and its application for NPP [J]. Nuclear engineering and technology, 2014, 46 (6): 753 - 772.

[86] LIND M. An introduction to multilevel flow modeling [J]. International journal of nuclear safety and simulation, 2011, 2 (1): 22 - 32.

[87] LIND M. Modeling goals and functions of complex industrial plant [J]. Applied artificial intelligence, 1994, 8: 259 - 283.

[88] LIND M. Reasoning about causes and consequences in mulitlevel flow models [C] //Advances in Safety, Reliability and Risk Management-Proceedings of the European Safety and Reliability Conference, ESREL 2011.

Berlin: European Safety and Reliability Association, 2012: 2359 – 2367.

[89] LIU J Z, LI L L, LI Z G, et al. Study on knowledge expression methods and reasoning strategies in intelligent cad system [J]. Key engineering materials, 2009, 419: 321 – 324.

[90] LIU J, WANG W, GOLNARAGHI F. An enhanced diagnostic scheme for bearing condition monitoring. [J]. IEEE transactions on instrumentation and measurement, 2010, 59 (2): 309 – 321.

[91] LIU S, CHEN J, QU C, et al. Losgan: latent optimized stable gan for intelligent fault diagnosis with limited data in rotating machinery [J]. Measurement science and technology, 2021, 32 (4): 045101.

[92] LIU X, ZHANG M, YAO F. Adaptive fault tolerant control and thruster fault reconstruction for autonomous underwater vehicle [J]. Ocean engineering, 2018, 155: 10 – 23.

[93] LO C H, WONG Y K, RAD A B. Intelligent system for process supervision and fault diagnosis in dynamic physical systems [J]. IEEE transactions on industrial electronics, 2006, 53 (2): 581 – 592.

[94] LUXBURG U V. A tutorial on spectral clustering [J]. Statistics and computing, 2004, 17 (4): 395 – 416.

[95] MANI G, JEROME J. Intuitionistic fuzzy expert system based fault diagnosis using dissolved gas analysis for power transformer [J]. Journal of electrical engineering and technology, 2014, 9 (6): 2058 – 2064.

[96] MENG Z, MA Y. An expert system knowledge base for the analysis of infrared spectra of organophosphorus compounds [J]. Microchemical journal. 1996, 53 (3): 371 – 375.

[97] NAN C, KHAN F, IQBAL M T. Real-time fault diagnosis using knowledge-based expert system [J]. Process safety & environmental protection, 2008, 86 (1): 55 – 71.

[98] OMERDIC E, ROBERTS G. Thruster fault diagnosis and accommodation for open-frame underwater vehicles [J]. Control engineering practice, 2004, 12 (12): 1575 – 1598.

[99] OUYANG J, YANG M, YOSHIKAWA H, et al. Modeling of PWR plant by multilevel flow model and its application in fault diagnosis [J]. Journal of nuclear science and technology, 2005, 42 (8): 695 – 705.

[100] PARK A, LEE S J. Fault tree analysis on handwashing for hygiene man-

agement [J]. Food control, 2009, 20 (3): 223 – 229.

[101] PARK Y M, KIM G W. A logic based expert system (lbes) for fault diagnosis of power system [J]. IEEE transactions on power systems. 1997, 12 (1): 363 – 369.

[102] PATAN K, KORBICZ J. Artificial neural networks in fault diagnosis [M]. Berlin: Springer, 2004.

[103] PETTI T F, KLEIN J, DHURJATI P S. Diagnostic model processor: using deep knowledge for process fault diagnosis [J]. Aiche journal, 2010, 36 (4): 565 – 575.

[104] QIN H, FEI Q, MA X, et al. A new parameter reduction algorithm for soft sets based on chisquare test [J]. Applied intelligence, 2021, 89 (4/5): 1 – 13.

[105] RAI A, UPADHYAY S H. Bearing performance degradation assessment based on a combination of empirical mode decomposition and k-medoids clustering [J]. Mechanical systems and signal processing, 2017, 93: 16 – 29.

[106] RICHARDSON R A, GINIS I, ROTHSTEIN L M. A numerical investigation of the local ocean response to westerly wind burst forcing in the western equatorial pacific [J]. Journal of physical oceanography, 1999, 29 (6): 1334 – 1352.

[107] RTIBI W, M'BARKI L, AYADI M. Fault detection and isolation on a five-level PWM inverter applied to the electric vehicle system [C] //Proceedings of the 2019 19th international conference on sciences and techniques of automatic control and computer engineering. Piscataway: IEEE, 2019: 263 – 268.

[108] DE SANTIS E, LIVI L, SADEGHIAN A, et al. Modeling and recognition of smart grid faults by a combined approach of dissimilarity learning and one-class classification [J]. Neurocomputing, 2015, 170: 368 – 383.

[109] SINGER, D. A fuzzy set approach to fault tree and reliability-analysis [J]. Fuzzy sets and systems, 1990, 34 (2): 145 – 155.

[110] SOUALHI A, GUY C, RAZIK H. Detection and diagnosis of faults in induction motor using an improved artificial ant clustering technique [J]. IEEE transactions on industrial electronics, 2013, 609: 4053 – 4062.

[111] TUBB C, ROBERTS G, OMERDIC E. Development of a fault handling system for remotely operated vehicles [J]. IFAC proceedings volumes, 2002, 35 (2): 383 – 388.

[112] TURKSOY K, ROY A, CINAR A. Real-time model-based fault detection of continuous glucose sensor measurements [J]. IEEE transactions on biomedical engineering, 2016, 64 (7): 1437 – 1445.

[113] TZAFESTAS S, PALIOS L, CHOLIN F. Diagnostic expert system inference engine based on the certainty factors model [J]. Knowledge-based systems, 1994, 7 (1): 17 – 26.

[114] USMAN K, BURROW M P N, GHATAORA G S, et al. Using probabilistic fault tree analysis and monte carlo simulation to examine the likelihood of risks associated with ballasted railway drainage failure [J]. Transportation research record, 2021, 2675 (6): 70 – 89.

[115] VENKATASUBRAMANIAN V, RENGASWAMY R, KAVURI S N. A review of process fault detection and diagnosis: part ii: qualitative models and search strategies [J]. Computers and chemical engineering, 2003, 27 (3): 313 – 326.

[116] WANG C, ZHOU J, HUI Q, et al. Fault diagnosis based on pulse coupled neural network and probability neural network [J]. Expert systems with applications, 2011, 38 (11): 14307 – 14313.

[117] WANG Y, ZHANG M, WILSON P A, et al. Adaptive neural network-based backstepping fault tolerant control for underwater vehicles with thruster fault [J]. Ocean engineering, 2015, 110: 15 – 24.

[118] QIAO W, LU D. A survey on wind turbine condition monitoring and fault diagnosis—part i: components and subsystems [J]. IEEE transactions on industrial electronics, 2015, 62 (10): 6536 – 6545.

[119] WEST G M, MCARTHUR S, TOWLE D. Industrial implementation of intelligent system techniques for nuclear power plant condition monitoring [J]. Expert systems with applications, 2012, 39 (8): 7432 – 7440.

[120] WHAB C, YLA B, YUE Z, et al. Fault tree and fuzzy D-S evidential reasoning combined approach: an application in railway dangerous goods transportation system accident analysis [J]. Information sciences, 2020, 520: 117 – 129.

[121] WIDODO A, SHIM M C, CAESARENDRA W, et al. Intelligent prog-

nostics for battery health monitoring based on sample entropy [J]. Expert systems with applications, 2011, 38 (9): 11763 – 11769.

[122] WONG S T C. Coping with conflict in cooperative knowledge-based systems [J]. IEEE transactions on systems, man, and cybernetics—part A: systems and humans, 1997, 27 (1): 57 – 72.

[123] XIA S, ZHOU X, SHI H, et al. A fault diagnosis method based on attention mechanism with application in Qianlong-2 autonomous underwater vehicle [J]. Ocean engineering, 2021, 233: 109049.

[124] XUE F, BONISSONE P, VARMA A, et al. An instance-based method for remaining useful life estimation for aircraft engines [J]. Journal of failure analysis and prevention, 2008, 8 (2): 199 – 206.

[125] YANG K C, YUH J, CHOI S K. Experimental study of fault-tolerant system design for underwater robots [C] //Proceedings of the 1998 IEEE International Conference on Robotics and Automation. Piscataway: IEEE, 1998: 1051 – 1056.

[126] YANG W, DU B, HE C, et al. Reliability assessment on 16 nm ultrascale + MPSoC using fault injection and fault tree analysis [J]. Microelectronics reliability, 2021, 120: 114122.

[127] YU J. Local and nonlocal preserving projection for bearing defect classification and performance assessment [J]. IEEE transactions on industrial electronics, 2012, 59 (5): 2363 – 2376.

[128] YUAN P, YANG H Q, MA T T, et al. An intelligent alarm method based on equipment fault hypothesis and mfm [J]. Power system protection and control, 2014, 42 (4): 92 – 97.

[129] ZARANDI M H F, NESHAT E, TÜRKŞEN I B. Retracted article: a new cluster validity index for fuzzy clustering based on similarity measure [C] //AN A, STEFANOWSKI J, RAMANNA S, et al. Rough sets, fuzzy sets, data mining and granular computing. Berlin: Springer, 2007: 127 – 135.

[130] ZHANG G, HU D, ZHANG T. Stochastic resonance in unsaturated piecewise non-linear bistable system under multiplicative and additive noise for bearing fault diagnosis [J]. IEEE access, 2019, 256 (12): 25998.

[131] ZHANG L X, WANG J X, ZHAO Y N, et al. A novel hybrid feature

selection algorithm: using Relief-F estimation for GA-wrapper search [C] //Proceedings of the 2003 international conference on machine learning and cybernetics. Piscataway: IEEE, 2003: 380 – 384 Vol. 1.

[132] ZHANG X H, YANG S L, WANG W K, et al. Establishment of aircraft ammunition fault diagnosis expert system knowledge base based on fta [J]. Applied mechanics and materials, 2011, 121: 3909 –3913.

[133] ZHANG Z, LAI X, WU M, et al. Fault diagnosis based on feature clustering of time series data for loss and kick of drilling process [J]. Journal of process control, 2021, 102: 24 –33.

[134] ZHAO B, SKJETNE R, BLANKE M, et al. Particle filter for fault diagnosis and robust navigation of underwater robot [J]. IEEE transactions on control systems Technology, 2014, 22 (6): 2399 –2407.

[135] ZHOU F, YANG S, FUJITA H, et al. Deep learning fault diagnosis method based on global optimization gan for unbalanced data [J]. Knowledge-based systems, 2020, 187: 104837.

[136] ZHOU Z, GONG Z, ZENG B, et al. Reliability analysis of distribution system based on the minimum cut-set method [C] //Proceedings of the 2012 international conference on quality, reliability, risk, maintenance, and safety engineering. Piscataway: IEEE, 2012: 112 –116.

[137] ZHU D, LIU Q, YANG Y. An active fault-tolerant control method ofunmanned underwater vehicles with continuous and uncertain faults [J]. International journal of advanced robotic systems, 2008, 5 (4): 411 –418.